おいしさの見える化
風味を伝えるマーケティング力

角 直樹

はじめに

　「おいしい食品や料理を作ったり売ったりして人々を幸せにしたい，その結果，商品が売れてビジネスを成功させたい」そのような考えを持っている方を対象に，本書では食品のおいしさを見える化するための，様々な知識を説明し，手法をご提案します．

　商品が売れるために，作り手・売り手は商品の価値を的確な表現でお客様に伝えなければなりません．ところが「おいしい」という価値は目で見ることができません．本書では「目に見えないおいしさを見える化して，お客様に伝えるための表現力向上」を目的に，おいしさの科学や，おいしさの言葉とその伝え方，おいしさを感じる力の鍛え方などを体系的に説明します．

　おいしさは，食品が個人個人の口の中で，咀嚼されて生まれますので，その感覚を直接，他人と共有することはできません．これは「美しい」や「かわいい」のように，同じものを目で見て，耳で聞き，他人と共有できる感覚とは大きく異なります．その事から，商品の作り手・売り手が感じている「おいしさ」の魅力を，言葉にして，的確に表現して，お客様に伝える，すなわち「おいしさの見える化」のプロセスが必要です．

　多種多様な食品のうち，おいしさの見える化が最も進んでいる分野はワインでしょう．ワインの風味を表現する言葉は少なくとも300語以上あるともいわれます．プロのソムリエは何千回にも及ぶテイスティングにより，五感で風味を分析し，言語化し，ワインの特徴を脳に記憶します．そして，サービスの際には，そのワインの特徴を脳から引き出し，お客様ごとの特性に合わせてご説明しています．そのようなことが可能なのは，ワインの世界で通用する，おいしさの見える化のための言葉の辞書と文法があるからです．ソムリエの方は，この辞書と文法を用い，ご自身の個性を加えながらお仕事をされているわけです．

　おいしさの言葉の辞書と文法は対象とする食品のカテゴリーで異なります．ワインの辞書と文法は他の食べ物にそのまま通用するわけではありません．おいしさの辞書と文法がある程度確立している食品は，ウイスキー，コーヒー，

日本酒，米など，ごく一部の食品に限られています．そこで本書では，すべての食品に通用する，汎用的なおいしさの言葉の辞書と，よりおいしさが伝わりやすい文法を提案していきます．

　1970年代まではワインの世界でも，今に比べるとおいしさの言葉はかなり少なかったそうです．その後，現在に至るまでの40余年間，ワインの作り手や売り手そしてワインを楽しむお客様が，ワインのおいしさの見える化に向かって大変な努力をすることで，いまの素晴らしい言葉の体系が出来上がりました．本書を読んで，おいしさの見える化に必要な基礎知識と手法を身に付けていただき，ご自身が仕事をされているカテゴリーの食品での，おいしさの見える化にチャレンジしてみてください．そのチャレンジを様々な食品カテゴリーに携わる皆様が行えば，すべての食品でワインと同じぐらいの豊富な言葉の辞書，文法ができるかもしれません．

　本書では，おいしさの見える化を様々な角度から説明します．第2章では，人間が食品を口に入れ咀嚼してから，脳がおいしいと感じるまでの体の仕組みを，生理学，脳科学の面から説明します．第3章では，食品の風味の化学的，物理的な要因，併せて，おいしさに影響する情報要因を整理して説明します．第2章，第3章で説明するのは「おいしさの科学」です．科学の説明ではやや難解な言葉も出てきますが，おいしさの言葉の一部は科学をベースに構成されていますので，科学の説明がちょっと苦手，という方も頑張って読み進んでください．第4章では，おいしさを見える化するための「おいしさ単語と文法」，すなわち「おいしさの国語」を説明します．本書でリストアップ（巻末157ページ参照）した約660語程度のおいしさに関する単語を分類し解説したうえで，よりおいしさが伝わる単語の並べ方，文法を説明します．続いて第5章では，おいしさの表現を，販売やビジネスの場面でどのように使ったら，価値がお客様に伝わり，売上をアップさせられるかというマーケティング，「おいしさの社会科」を説明します．最後に第6章では，実際の食品や料理をどのようにして味わえば良いのか，「おいしさの家庭科」を説明します．おいしさの論理を身に付けたとしても，そもそも商品のおいしさを見える化しようとする自分自身が，おいしさの要素を舌や脳で的確に感じることができなければ，はじまりません．そのために，ただ漠然と物を味わうのでなく，舌と脳で味を分析しながら飲食し，それを言葉とつなぎ合わせるためのトレーニング方法を紹介します．

おいしさの世界は大変複雑ですが，食に携わるプロは長年の経験でこの複雑な世界の歩き方を身に付けています．本書を読んでいただくことで，食のプロの方に対しては，長年の経験を体系的に整理して，言葉としてアウトプットできるように，それほど経験がない方に対しては，本書で述べるテクニックを身に付け，この複雑な世界を自由に歩けるようになるよう構成しました．

　おいしさの見える化のスキルを身に付けることで，日本の食生活をより豊かにし，日本の食品産業の国際競争力を，さらに高めるためのチャレンジを始めてみませんか？

目　　次

はじめに

第 1 章　おいしさの見える化とは何か　………………………………… 1
1.1　「おいしさの見える化」とは　……………………………………… 1
1.2　おいしさの見える化の難しさ　……………………………………… 4
1.3　おいしさを見える化することの意義　……………………………… 6
　1.3.1　価値をお客様に伝える　………………………………………… 6
　1.3.2　ビジネス上の共通語とする　…………………………………… 8
1.4　おいしさとは何か　…………………………………………………… 9
　1.4.1　おいしさの定義　………………………………………………… 9
　1.4.2　用語の定義　……………………………………………………… 10

第 2 章　おいしさが発生する仕組み　……………………………………12
2.1　おいしさの発生メカニズム　…………………………………………12
2.2　風味発現と検知の仕組み　……………………………………………13
　2.2.1　味　…………………………………………………………………13
　2.2.2　香り　………………………………………………………………16
　2.2.3　食感　………………………………………………………………19
2.3　脳で感じるおいしさの発現　…………………………………………21
　2.3.1　脳でのおいしさ発現　……………………………………………21
　2.3.2　大脳皮質上の各器官の位置　……………………………………22
　2.3.3　おいしさを感じた後に脳内で起きていること　………………23
2.4　おいしさと記憶　………………………………………………………25
　2.4.1　記憶の理論　………………………………………………………25

2.4.2　プロによるおいしさの記憶　～ソムリエを例に……………………26
　　2.4.3　一般のお客様のおいしさの記憶………………………………………28

第3章　おいしさを構成する要素……………………………………………30

3.1　味の種類 ………………………………………………………………30
　3.1.1　甘味……………………………………………………………………31
　3.1.2　塩味……………………………………………………………………32
　3.1.3　旨味……………………………………………………………………32
　3.1.4　酸味……………………………………………………………………33
　3.1.5　苦味……………………………………………………………………33
　3.1.6　渋味……………………………………………………………………34
　3.1.7　辛味……………………………………………………………………34
　3.1.8　7味以外の味…………………………………………………………35
　　（ア）　冷涼感………………………………………………………………35
　　（イ）　えぐ味………………………………………………………………35
　　（ウ）　油の味………………………………………………………………36
　3.1.9　味の生理的な意味……………………………………………………36
3.2　香りの物質 ……………………………………………………………37
　3.2.1　物質としての香り……………………………………………………37
　3.2.2　言葉による香りの体系的分類………………………………………40
3.3　食感とは ………………………………………………………………43
　3.3.1　歯ごたえ………………………………………………………………44
　3.3.2　口当たり………………………………………………………………45
3.4　3要素の統合 …………………………………………………………46
　3.4.1　味・香り・食感の統合………………………………………………46
　　（ア）　相乗効果……………………………………………………………46
　　（イ）　対比効果……………………………………………………………47
　　（ウ）　こく味………………………………………………………………48
　　（エ）　フレッシュ感………………………………………………………49
　3.4.2　時間軸による風味変化のパターン化………………………………49
3.5　3要素以外の物性………………………………………………………52

3.5.1　温度··52
　　3.5.2　色，外観，音，匂い···52
3.6　情報··53
　　3.6.1　直接情報··54
　　3.6.2　間接情報··55
　　3.6.3　環境情報··56
3.7　記憶··57

第4章　おいしさを表現する言葉···59

4.1　おいしさ表現の共通原則··62
4.2　おいしさ表現の単語···63
　　4.2.1　おいしさ風味語··65
　　　（ア）「味」の表現···65
　　　（イ）「香り」の表現···66
　　　（ウ）「食感」の表現···68
　　　（エ）味と香り，食感の統合··69
　　　（オ）その他の感覚··70
　　4.2.2　おいしさ修飾語··70
　　　（ア）風味自体の良さ··71
　　　（イ）強弱の良さ··72
　　　（ウ）種類の良さ··73
　　　（エ）バランスの良さ··73
　　　（オ）相互関係の良さ··76
　　　（カ）時間軸の変化の良さ··77
　　　（キ）記憶と関連した良さ··78
　　4.2.3　おいしさ称賛語··79
　　4.2.4　おいしさ情報語··80
　　4.2.5　おいしさ単語の使い方の留意点······································82
4.3　おいしさ表現の文章···84
　　4.3.1　ストレートな表現を使う··84
　　4.3.2　文章構成の基本··85

（ア）　おいしさ表現の全体構造……………………………………………85
　　（イ）　時間軸で表現する………………………………………………………86
　　（ウ）　料理の素材構成で説明する…………………………………………89
　4.3.3　文書中でのおいしさの単語の使い方……………………………………91
　　（ア）　おいしさ風味語は「味」「香り」「食感」のバランスをとる……91
　　（イ）　相手に対応してインパクトワードを使いこなす……………………91
　　（ウ）　おいしさ称賛語は最後のまとめで使う………………………………93
　　（エ）　おいしさ情報表現はおいしさ直接表現をサポートするために
　　　　　使う………………………………………………………………………93
4.4　おいしさ文章作成を目的にした場合の食べ方………………………………94
　4.4.1　おいしさ文章化のプロセス………………………………………………94
　4.4.2　食べながら文章化する際のポイント……………………………………95

第5章　おいしさを伝えるマーケティング………………………………………98

5.1　嘘をつかない……………………………………………………………………98
5.2　マーケティング理論のおさらい………………………………………………99
　5.2.1　マーケティング理論の全体像……………………………………………100
　5.2.2　マーケティング共通原則…………………………………………………100
　　（ア）　販売活動のすべての場面で「お客様視点」を持つ…………………101
　　（イ）　商品やサービスの「価値」を創造し「差別化」を図る……………101
　　（ウ）　事業「目標」を明確にし，目標を達成するための
　　　　　「戦略」を立てる………………………………………………………102
　5.2.3　マーケティング戦略………………………………………………………103
　　（ア）　ターゲット戦略の検討（Who）………………………………………103
　　　1）　トライアルとリピート…………………………………………………103
　　　2）　マスターゲットとニッチターゲット…………………………………104
　　　3）　購入態度による分類……………………………………………………104
　　　4）　AIDMAモデル……………………………………………………………105
　　（イ）　商品戦略の検討（What）………………………………………………106
　　（ウ）　価格戦略の検討（How much）…………………………………………106
　　（エ）　プロモーション戦略の検討（How）…………………………………106

目次

- 5.3 マーケティング共通原則のおいしさの見える化への適用 ………… 108
  - 5.3.1 「お客様視点」とおいしさ ……………………………………… 108
  - 5.3.2 「価値創造・差別化」とおいしさ価値の位置づけ …………… 108
    - （ア）食品価値の分析……………………………………………… 108
    - （イ）各種食品価値とトライアル／リピート購入の関係 ……… 109
  - 5.3.3 「マーケティング目標」としてのおいしさ価値 ……………… 112
- 5.4 ターゲット戦略（Who）に対応したおいしさの見える化 ………… 113
  - 5.4.1 トライアル／リピート購入における「直接表現」と「情報表現」の位置づけ …………………………………………… 113
  - 5.4.2 マスターゲット／ニッチターゲットに対する言葉の使い分け… 115
  - 5.4.3 イノベーターモデル……………………………………………… 117
- 5.5 商品戦略（What）とおいしさの見える化 ……………………………… 120
  - 5.5.1 商品名（ネーミング） ………………………………………… 120
  - 5.5.2 おいしさのポジショニングマップ…………………………… 121
- 5.6 価格戦略（How much）に対応したおいしさ表現…………………… 123
- 5.7 プロモーション戦略（How）で見える化するおいしさ …………… 125
  - 5.7.1 売り場でのおいしさ表現……………………………………… 125
    - （ア）無人販売………………………………………………………… 126
      - 1) プライスカード……………………………………………… 126
      - 2) ポスター……………………………………………………… 128
    - （イ）有人販売………………………………………………………… 129
      - 1) 声かけ………………………………………………………… 129
      - 2) 商品説明……………………………………………………… 131
      - 3) 試食販売……………………………………………………… 132
    - （ウ）EC（通信販売）……………………………………………… 133
  - 5.7.2 メディアを使ったおいしさ表現……………………………… 136
    - （ア）CM，チラシ…………………………………………………… 136
    - （イ）パブリシティ…………………………………………………… 138
    - （ウ）SNS…………………………………………………………… 140
- 5.8 味のわかるお客様を育てるマーケティング ………………………… 142
  - 5.8.1 作り手によるおいしさの言語化……………………………… 142
    - （ア）言語化の準備…………………………………………………… 142

（イ）言語化の実施……………………………………………………… 143
　　5.8.2　お客様への伝達活動………………………………………………… 143
　　　（ア）テイスティングイベント…………………………………………… 144
　　　（イ）農業体験・工場見学………………………………………………… 144

第 6 章　おいしさを感じる力をつけるトレーニング……………… 145

　6.1　味を分離して感じる力をつける　………………………………………… 145
　6.2　味・香りを時間軸で感じる　……………………………………………… 146
　6.3　いろいろな香りを感じる　………………………………………………… 148
　6.4　自分の商品の特徴を探す　〜比較テイスティングの勧め　………… 149

おわりに ………………………………………………………………………… 153

参考書籍 ………………………………………………………………………… 155

付録　おいしさの単語辞典 …………………………………………………… 157

第1章　おいしさの見える化とは何か

1.1 「おいしさの見える化」とは

　物があふれている現代の日本では，商品販売の際，商品の価値や魅力を的確にお客様に伝えることが，とても重要です．

　図表1.1で，山あいの村で細々と育てられていた，じゃがいものおいしさの魅力を，お客様に伝える雑誌の記事（フィクション）の事例を見てみましょう．

図表1.1　食品の価値を伝える文章例（フィクション）

　山里県の谷川村では，江戸時代から山あいの急な斜面で，吾助種というじゃがいもが大切に育てられていました．山の斜面の畑は小石の混じった火山灰土壌で，日当たりがよく，昼夜の気温差が大きいため，小粒ながらおいしいじゃがいもが育ちます．ところが戦後，もっと大きく育つ品種のじゃがいもが，外部から導入されたため，吾助じゃがいもの栽培量は非常に少なくなってしまいました．

　数年前，東京で外食産業の仕事に携わっていた井原さんが，風土を気に入って谷川村に移住し，野菜や蕎麦の有機栽培農業をはじめました．井原さんが就農してしばらくしたある日，隣に住むおばあさんが細々と育てていた吾助じゃがいもをわけていただき，その味に驚きました．普通のじゃがいもに比べて，味と香りがすばらしいのです．井原さんは，種イモを譲り受け栽培を始め，育てた吾助じゃがいもを家族で楽しんでいました．

　昨年，井原さんの古い友人で，東京の二つ星フレンチ「ヴァンソン」のシェフの大河原さんが谷川村に尋ねてきました．久しぶりに井原さんと夕食を共にした大河原さんは，井原さんの奥さん手作りの塩茹での吾助じゃがいもを食べて，その味を大変気に入りました．大河原さんは早速，自分のレストランのメニューに「吾助じゃがいものスフレ」を採用．今やこのメニューは料理専門雑誌に取り上げられるなど，ヴァンソンの看板メニューになっています．先日高級食材スーパーの白金屋が谷川村の井原さんを訪ね，吾助じゃがいもを扱わせてもらえないか，と頼みに来ました．吾助じゃがいもは，グルメの間で静かなブームになりつつあります．

この文章の目的は，読者に「吾助じゃがいも」の価値，魅力を伝え，食べてみたいと思っていただくことです．ここでは，江戸時代から栽培されていたという「歴史」，特定の地域の農家さんが山の中で細々と育てていたという「希少性」，東京から移り住んだ食のプロである井原さんの吾助じゃがいもに対する「想い」，二つ星レストランの看板メニューへの採用や高級スーパーのバイヤーの注目といった「権威」など，吾助じゃがいもの様々な価値が表現されています．ところが，この文章の中に言葉で表す直接的なおいしさ表現は「普通のじゃがいもに比べて，味と香りが素晴らしい」だけしかありません．

　吾助じゃがいもの一番の価値は何でしょうか？井原さんは食ビジネスの経験から「こんなおいしいじゃがいもを途絶えさせるわけにはいかない」と思ったので栽培を始めました．大河原さんは「この味の特徴を活かせば，素晴らしいポテト料理が作れる」と思い新メニューを開発しました．このように，井原さんや大河原さんが感じた吾助じゃがいもの一番の価値は「おいしさ」だったはずです．それなのにこの文章では，おいしさの直接的な表現がほとんどなく，「歴史」「希少性」「想い」といった，おいしさが生まれてきた背景に関する価値のの説明が中心になってしまっているという問題点があります．そして，世の中にはこのような文章があふれているのです．

　吾助じゃがいものおいしさ価値をもっと詳しく表現した文章を図表1.2に示しました．

図表 1.2　おいしさ表現の改良例

【元の文章】
普通のじゃがいもに比べて，味と香りがすばらしい

【改良した文章】
噛んだ瞬間鼻腔に，昔ながらの土臭いじゃがいもの香りが強く広がります．食感はまるで上質の羊羹のようにねっとりしていて，かみしめると濃厚で，こってりした甘味が口いっぱいに広がります．そして後味に，ほのかにカシューナッツのような香りが残ります．
吾助じゃがいもを使ったヴァンソンのスフレは，乳製品をほとんど使わない，じゃがいもの強い香りの存在感を生かした逸品です．

1.1 「おいしさの見える化」とは

元の文章では「味と香りが素晴らしい」とだけ表現していますが，どのように素晴らしいのかわからず，食のプロである井原さんや大河原さんが惚れ込んだおいしさが一体何なのかが全くわかりません．

吾助じゃがいものおいしさを伝えるには，改良した文章にある「噛んだ瞬間広がる土の香り」「羊羹のようなねっとり感」「濃厚でこってりした甘味」「後味の残るカシューナッツのような香り」といった，直接的な表現が必要です．

このような「直接的なおいしさ表現」がたいへん進んでいるのがワイン業界です．図表 1.3 にワインの味の表現例を示します．

図表 1.3　ワインのおいしさの表現（例）

> カリンや黄桃，リンゴのコンポートなどや，クミン，ベルガモット，バター，ナッツなどの香りもあり複雑です．ふくよかで，まろやかなテクスチャーの丸みのあるテイストながら，酸が味の調和をもたらしています．オイリーで苦味もあり，余韻も長いワインです．
> 　大ぶりなグラスに注ぐと，飲み始めから飲み終わりまで風味の変化が現れ，より楽しめそうです．
> 　ホワイトペッパーやクミン，オレンジピールなど，エスニックなニュアンスがあるので，クミンパウダーを利かせた中華風のスペアリブに合うでしょう．
>
> 　　　　　　　　　　「ワイン王国」，株式会社ワイン王国，p43，No107（2018）

ワインを味わうプロであるソムリエの方は，300 語以上あるともいわれる，おいしさ表現に関する単語，すなわち辞書が頭の中に収められており，さらにその言葉をどのような順序で説明するかという文法を持っています．彼らは知識としての「辞書」「文法」を，実際に何千本というワインをテイスティングしながら，自分の舌と脳に叩き込んだ結果，図表 1.3 の様な表現が自由にできるようになっているのです．そして，これらのワインの表現は，ワイン生産者やソムリエの間での共通語に使われるだけでなく，お客様へ的確にワインの価値を伝えるために使われます．そして，場合によっては，価格との連動，すなわち価格の高いワインの理由付けにもなっています．

このような味の辞書，文法が確立している食品は，ワイン以外ではウイスキー，コーヒーなど数えるほどしかありません．しかし，ワイン風味の表現体系も，確立してからそれほど多くの時間が経っているわけではありません．一方「野

菜」「肉」「魚」といった素材にも，それぞれのおいしさの言葉の辞書，文法が必ずあるはずです．今から表現の体系を作っていけば数十年後には，例えば野菜が，ワインのように味や香りの表現の体系で語られる日が来るかもしれません．食に携わっている人たちは，それぞれ扱っている素材のプロです．それぞれの素材のプロにはご自分の食品素材ならではのおいしさ表現，すなわち「おいしさの見える化」を構築していくための基礎知識を身に着けていただきたいと思います．

1.2　おいしさの見える化の難しさ

自分が口の中で感じた風味を，他人と共有化するのは大変困難です．図表1.4に「食品のおいしさ（味覚）」，「絵画などの映像の良さ（視覚）」「音楽などの音声の良さ（聴覚）」を人間が判断する過程のイメージを示しました．

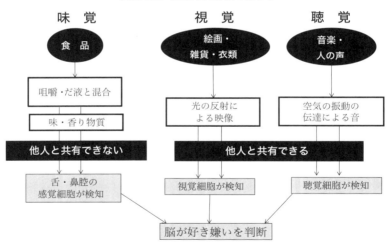

図表 1.4　風味の共有化の難しさ

味覚は，口の中で咀嚼され唾液と混合したとき，はじめて味や香りの物質として発現します．発現した味・香り物質は舌や鼻腔の感覚受容体で検知され，この情報が脳に伝わった後，脳がおいしさを判断します．この味・香り物質は，他人と共有することは絶対にできません．なぜならば，これらの物質自体は，食べた人個々人の唾液の中にあるからです．

これに対して，視覚情報や，聴覚情報はその情報自体を容易に他人と共有できます．絵画や雑貨の「視覚情報」は，物から反射した光を見て（目の細胞が感知する），音楽や人の声のような「聴覚情報」は，音源の振動により発生した空気の振動を聞いて（耳の細胞が感知する）います．このように一つの光や音は，みんなで同時に見たり聞いたりできるので，「絵画」であれば「美しい」，「雑貨」であれば「かわいい」，「衣類」であれば「おしゃれ」のように，同じ物を見ながらその価値を話し合うことができるのです．

おいしさを言語化して共有化することが難しい第2の理由は，食品が長期間保管できないということです．歴史上人類が発生した時から，料理や食品は大変な進歩を遂げてきました．しかし，食文化の歴史を正確にたどるのは困難です．「文学」「建築」「絵画」などは遺産として物が形で残るため，後世の研究者はその文字や外観を見て，振り返り，体系化，言語化することができます．音楽も，楽譜として残すことができます．一方で，食べ物は腐ってしまって，形として残りません．したがって食品の歴史の体系化は他の分野と比べると困難で，これもおいしさの言語化が進んでいない理由の一つではないかと考えます．

おいしさ言語化の難しさの第3の理由は，おいしさという感覚が一体何なのか，科学的に完全に解明できていない，という点です．「風味は口中で咀嚼されたものが唾液と混合された，呈味・香り物質」であると述べました．物質であれば，これは本来科学で説明できるはずです．しかし現段階で，これらの物質が何なのか，また物質を感じる感覚器官やおいしさを判断する脳の仕組みが，完全に解明されているわけではありません．21世紀に入ってこの分野はかなり研究が進んでいますので，風味のすべてが科学的に解明される日がいずれは来るかもしれません．しかし，現在は，おいしさの多くの部分を感覚的な言葉の表現の力でカバーする必要があります．また，仮に風味の構成物質や体での受容機構が科学的に完全に解明されたとしても，「おいしさ」を科学的に説明するのは絶対に不可能です．なぜなら，例えば「母親が作ってくれた料理を久しぶりに食べると，懐かしくておいしい」「高級店で最高のサービスで食べるとおいしい」「天気の良い日に，戸外でみんなとワイワイ言いながら食べるおにぎりはおいしい」という感情的なおいしさは科学的には説明できません．つまり「おいしさ」というのは物質だけでなく，環境や思い出，また情報といった心理的要素も絡む大変複雑な感覚なのです．

1.3 おいしさを見える化することの意義

1.3.1 価値をお客様に伝える

　食品が「売れる」というのはどういうことでしょうか？モノが少なかった数十年前は，食べることができて普通のおいしさならば，売るのは難しくありませんでした．したがって，作り手はいかにたくさん作るか，売り手はいかにモノを探してくるかに集中すればよかったのです．ところが今はモノがあふれていて，売り場に並べただけではモノは売れません．売れるかどうかを決めるのはお客様です．その商品が他の商品よりも魅力があり，買ったときに満足できるとお客様が感じたとき，つまり他の商品よりも価値が高く，差別性があるときだけ，モノは売れるのです．

　食品の価値を分類したのが，図表 1.5 です．「機能価値」は食品そのもの自体が持っている価値です．差別性としては「おいしさ」「健康機能」「利便性」が重要です．しかし最近では，機能価値を訴求するだけでは，ものが売れなくなりつつあるともいわれています．そこで注目されるのが「情緒価値」「共感価値」「自己実現価値」などです．

　「情緒価値」は，商品の見た目の「かわいさ」「おしゃれ感」や，「テレビで話題になっていた」，「行列ができる店らしい」といった「話題性」を指します．

　また最近では「野菜に生産者の名前を書く」や「パティシエが作り手の想いを伝える」「大手食品メーカーが製造工程をテレビ番組で公開する」といった，作り手の気持ちをお客様に共感してもらう「共感価値」を差別性のポイントとする売り方も増えてきました．

図表 1.5 食品の価値の分類

機能価値	（一次機能）栄養，安全 （二次機能）おいしさ，健康機能，利便性
情緒価値	流行，有名，話題，珍しい かわいい，高級，おしゃれ
共感価値	作り手が見える，産地が見える 物語，歴史，こだわり
自己実現価値	知識欲求，マニア ネタになる，体験，知る人ぞ知る

1.3 おいしさを見える化することの意義

ワインやウイスキー,チョコレートといった嗜好品で注目されているのが「自己実現価値」です.これは,それまで作り手しか知りえなかった,原料や製法に関する情報をお客様に伝え,知識欲を満たしていただくという価値です.ワインであれば「単に風味の違いを楽しむだけでなく,原料のブドウ品種や製法,産地の気候条件などと,風味の関係を知ること自体を楽しむ」といった価値です.また,環境にやさしい商品を買うことで社会に貢献する気持ちになる,といった価値もこの「自己実現価値」に含まれるでしょう.

以上のように,現在は様々な価値が提供されており,これらの多種多様な価値をお客様自身が総合的に判断することで,モノが売れている,という大変複雑な時代です.

価値が多様化している時代に,なぜ,もっとも基本的な価値である,おいしさ価値の「見える化」が重要なのでしょうか？それは,図表1.6に示すように,食品の場合「情緒価値」「共感価値」「自己実現価値」といった価値のほとんどは,「おいしさ」という「機能価値」が実際に発生したとき,はじめて本当の価値を発揮するからです.例えば「行列ができるラーメン店」という情緒価値は,お客様の最初の興味を引くという意味で大変重要です.しかし「行列」という情緒価値は,おいしさ機能価値,すなわち「かつおだしの香りと,スープの濃厚なコク野菜のシャキシャキ感のバランスが絶品,この味は他の店では味わえない」といった,実際のおいしさがある結果として,初めてお客様の本当の価値になるのです.「100年使い込んだ木樽にこだわった日本酒」という「共感価値」も,そのこだわりによって「他の日本酒では味わえない,まろやかな熟成したフルーツ様の香り」という「おいしさ価値」があるからこそ,魅力的なのです.

図表 1.6 食品のおいしさと価値の関係

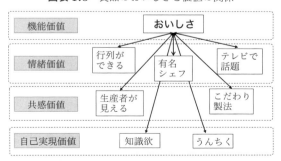

おいしさは単に「おいしい」、「最高」という言葉だけを発信したのでは伝わりません．その食品がどのようにおいしいのかを，言葉で見える化して具体的に表現することで，はじめてお客様に価値として認識していただけるのです．

「おいしいだけでは売れない」とよく言われます．これを「おいしさがあふれている現在，おいしさは商品の差別化要素にはならない」という文脈で使われる場合がありますが，これは間違いだと思います．「おいしいだけでは売れない」というのは，おいしさ価値を「おいしい」とか「最高」とかしか表現できていないから売れないのです．多様なおいしさの表現を使うことで「差別化されたおいしさ」を見える化し，「情緒価値」「共感価値」「自己実現価値」との相乗効果を発揮させることで，これまでよりも高い商品価値が新たに生まれる可能性があります．

1.3.2 ビジネス上の共通語とする

「おいしさの見える化」は差別化した商品の価値をお客様によりわかりやすく伝えるだけでなく，食品ビジネスのプロセスを遂行するうえでも重要です．

ビジネスはいろいろなプロセスが連続的におこなわれることで成り立っており，これをバリューチェーンと呼びます．バリューチェーンをごく簡単に示したのが図表 1.7 です．バリューチェーンでは，それぞれのプロセスを担う異なる人が，商品のおいしさ価値を言葉として共有化している必要があります．

例えば，研究開発者が生み出した「新しいおいしさ」の商品は，常に同じおいしさの品質で製造されなければなりません．しかし，原料のばらつきや製造時の気温や湿度などの様々な要因により，研究開発者が価値と認めたおいしさと，実際に製造したおいしさ，すなわち品質が異なる場合があります．一般に食品では，風味を科学的な分析によりすべて判断することは不可能で，品質は官能（食べたときの味や香り食感等）で評価する必要があります．したがって風

図表 1.7 バリューチェーンにおけるおいしさの共有化

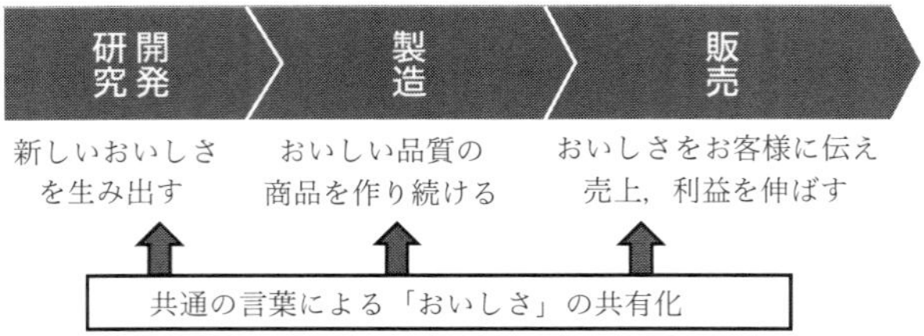

研究開発 → 製造 → 販売

新しいおいしさ　　おいしい品質の　　おいしさをお客様に伝え
を生み出す　　　　商品を作り続ける　売上，利益を伸ばす

共通の言葉による「おいしさ」の共有化

味は，例えば「○○種のトマトの持っている，完熟トマトの香りがあるトマトソース」というように言葉で表現されている必要があります．この場合は当然，関係者は「○○種のトマトの完熟した香り」について共通認識を持たなければなりません．

　複数の人間が同じ商品を別のテーマで開発する場合も，おいしさの言葉の共有化が重要です．開発者Aが新しいおいしさの農産物としてのトマトを開発し，開発者Bがそのトマトを使った料理を開発する場合，開発者Aが生み出した「新しいトマトのおいしさの特徴」を生かした料理を開発者Bが生み出さなければなりません．つまり，開発者Aは「このトマトの特徴は濃厚な甘味と旨み，青みがかったフレッシュな香りだ」というようにおいしさの特徴を言葉に表し，開発者Bはこの特徴を生かした料理を開発する必要があります．

　「新しいおいしさ」を表す言葉は，開発や製造にかかわる人だけがわかっていればいいものではありません．商品を販売する営業マンは，おいしさをあらわす言葉を，小売業やレストランへ伝えます．そして最終的には，小売業やレストランが，この共通のおいしさを表す言葉を，商品を召し上がるお客様に伝えて，買っていただくことでビジネスは完結します．

　このように「開発」「製造」「販売」のバリューチェーンにかかわるすべての人が，同じように見える化された共通のおいしさの言葉を使って，商品の価値を共有して川下に伝えていくことが重要です．関係者が一丸となって，新しいおいしさの商品を開発し，そのおいしさを安定的に製造し，そのおいしさを言葉でお客様に伝えて販売し，ファンになってもらう，食品ビジネスにとってこの一貫した動きが大変重要です．

1.4　おいしさとは何か

1.4.1　おいしさの定義

　辞書によると「おいしさ」は「味が良いこと」とあります．ここでいう「味」は，食品自体が持っている特性ですが，「良い」という評価は人間が行います．したがって，おいしさは，食品と人間の相互作用によって発生するものと言えます．

　図表1.8に，おいしさが発生する要因と過程を簡単にまとめました．要因の

図表 1.8 「おいしさ」はどのように発生するか

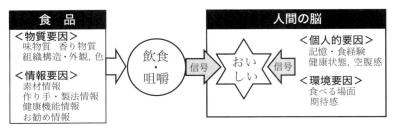

ひとつは，食品自体の中にある「物質要因」です．味や香りのもととなる化学物質や，食感のもとになる食品の組織構造，そして外観や色もおいしさに関係してきます．一方，こだわり素材とか，有名な料理人が勧めているとか，お母さんが作ったといった，食品のもつ「情報要因」もおいしさにかかわってきます．

おいしさは口の中で発生するのではなく脳で発生する現象です．人間が飲食すると，食品は咀嚼され，味香り物質が口や鼻の感覚器官に検知され，その信号が神経の中を電気信号として脳に伝わり，最終的に脳の中で「おいしさ」が発生します．その際，おいしさに影響するのが，もともと脳の中にあった，過去に食べた食品の記憶の情報や，空腹感といった「個人的要因」，行列して食べるときの期待感や，屋外で食べることによる気持ちの良さといった「環境要因」です．このようにおいしさとは，食品が持っている物質要因と情報要因，脳の中にあった個人的要因と環境要因が，脳で統合されて生み出される複雑な感覚です．

1.4.2 用語の定義

本書で使う，おいしさに関連する用語について，定義します（図表1.9）．

食品自体が持つ物質要因は味，香り，食感で構成されます．「味」は舌で感じることのできる7味（甘味，塩味，旨味，酸味，苦味，渋味，辛味），「香り」は鼻で感じる匂い，「食感」は食品を咀嚼した際に口中で感じる物理的な特性です．本書では，これらの3つの要素を総合した特性を指す場合「風味」と呼び，舌だけで感じる「味」と区別します．そして，食品を人間が食べて評価した特性を「おいしさ」と呼びます．「風味」は誰が食べても共通の特性ですが，「おいしさ」は個人の経験や情報を総合した特性なので，人によって感じ方が違います．

1.4 おいしさとは何か

図表 1.9 「おいしさ」「風味」「味」の定義

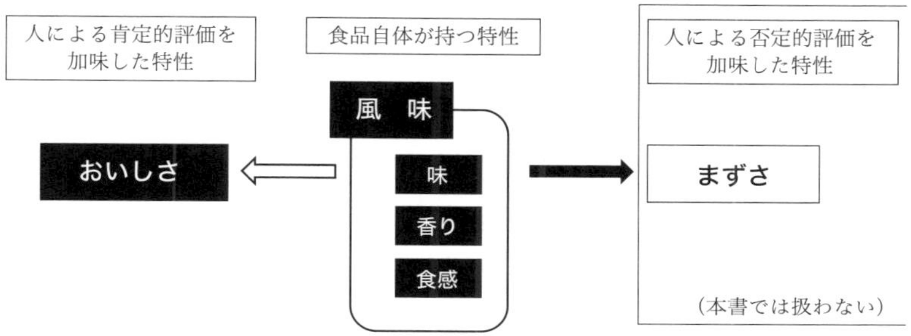

```
  人による肯定的評価を      食品自体が持つ特性       人による否定的評価を
    加味した特性                                加味した特性

                         ┌─────────┐
                         │  風　味  │
                         ├─────────┤
     [おいしさ]  ←───    │   味    │   ───→   [まずさ]
                         │  香り   │
                         │  食感   │
                         └─────────┘
                                                 (本書では扱わない)
```

　また本書では，基本的に「まずい」，すなわち人間が否定的な評価をする風味については扱いません．風味の中には，「鉄くさい味」，「生臭い香り」，「べちゃべちゃの食感」など，否定的なものも存在します．食品を物質として評価する場合，「まずいもの」も「おいしいもの」と同等に扱わなければ，科学的には正しくありませんが，お客様の価値というおいしさのマーケティングの視点で考えたとき，まずいと感じる要因や言葉はビジネスの成功には無関係です．

第 2 章　おいしさが発生する仕組み

2.1　おいしさの発生メカニズム

　本章では,「おいしい」という感覚がどのようにして発生しているのかを,生理学や脳科学の面から説明します.

　一般においしさは,口や鼻で感じると考えられているが,実際においしさという感覚が発生するのは,脳の中で複雑な動きの結果です.図表2.1 はおいしさを感じるメカニズムの全体像です.すでに述べたように,食品の中には物質と情報というおいしさを決める二つの要因があります.物質要因のうち,「味」と「香り」はいずれも化学物質に起因し,「食感」は食品のもつ組織の物理的特性に起因します.「味」「香り」「食感」はいずれも,食品が口の中に入り,咀嚼され食品の組織が破壊され,同時に唾液と混合することで発現します.これらは口腔内にある感覚器官すなわち,口・舌・鼻でとらえられて,それぞれ

図表 2.1　おいしさを感じるメカニズム

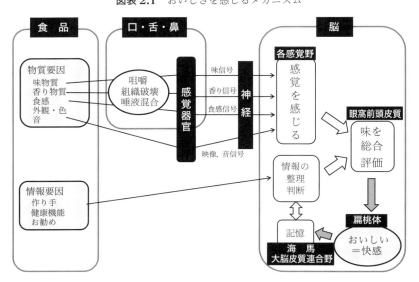

が神経内を電気信号となって伝わり，脳に到達します．脳の中は機能が細かく分かれていて，味の信号は「味覚野」，香りの信号は「嗅覚野」，食感の信号は「体性感覚野」という，「各感覚野」に最初に伝わります．次に，これらのバラバラに伝わった風味の信号は，脳内の「眼窩（がんか）前頭皮質」と呼ばれる部分で統合されます．

一方で，「こだわりの製法」「シェフのおすすめ」「体に良いらしい」といった情報要因や，その食品に関する過去の「記憶」も同時に統合されます．眼窩前頭皮質では，これらのすべての情報を評価し，その結果を脳内の「扁桃体」と呼ばれる部分に伝えます．この扁桃体こそが「おいしい」という感情を発生させる器官です．そしてこの「おいしい」という感情は，脳の「海馬」や「大脳皮質連合野」に記憶されます．

このような働きをコンピュータシステムに例えると，口や舌，鼻は風味を感知するセンサー，神経は電気信号を伝えるケーブル，眼窩前頭皮質はすべての情報を統合し判断するCPU（中央情報処理装置），海馬や大脳皮質連合野は，情報を記憶するメモリに相当します．以下，このメカニズムについて詳しく説明していきます．

2.2 風味発現と検知の仕組み

風味のもとになる要因は食品に含まれていますが，実際に風味として味，香り，食感が「発現」するのは口中で咀嚼された時です．そこで発生した物質や物理的特性が，口腔内にある感覚受容体に「検知」されます．この「発現」と「検知」のメカニズムを，味，香り，食感に分けて説明します．

2.2.1 味

味には，甘味，塩味，旨味，酸味，苦味の5種類があり通称「5味」と呼ばれています．本書では辛味，渋味を加えた7味を基本の味ととらえていきます．これらの7味はすべて食品中に含まれる特定の物質，すなわち分子がもとになっています．例えば甘味物質では，蔗糖（スクロース）やぶどう糖（グルコース）の分子，塩味物質では塩化ナトリウムの分子，苦味物質ではテオブロミンの分子です．食品の中に存在するこれらの味物質は，水（唾液）に溶解することで初めて，舌や口中内にある感覚受容体と化学的に反応することができます．そ

図表 2.2　味の発現と検知（例：チョコレート）

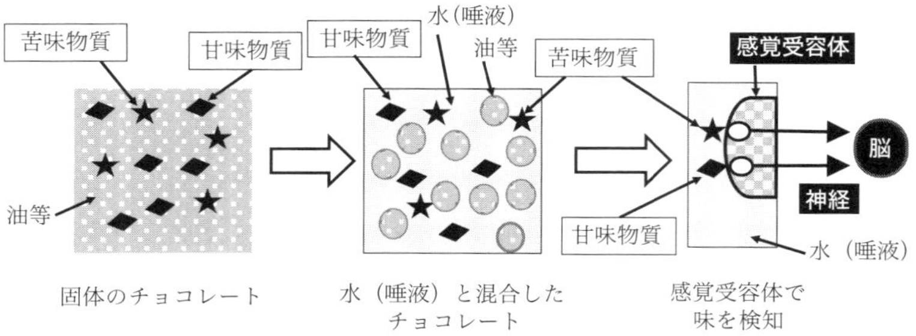

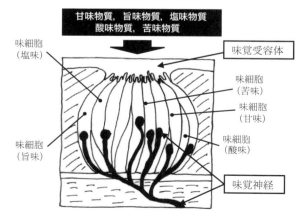

の化学反応の結果，感覚受容体で電気信号が発生し，この信号が神経を伝わって脳に流れていきます．

　図表 2.2 に，チョコレート中の甘味物質や苦味物質が口中でどのようにして発現・検知されるかを示します．チョコレートには，砂糖のような甘味物質やテオブロミンのような苦味物質が含まれていますが（図表 2.2 左），固体や単に融解した状態では味を感じることができません．甘味物質や苦味物質は，口の中で水（唾液）と混合されて（図表 2.2 中央），初めて味として感じることができるようになります．水（唾液）に溶けた甘味物質や苦味物質は，舌にある，味蕾（みらい）中の感覚受容体の表面に，化学的に結合します（図表 2.2 右）．

　味蕾（図表 2.3）は直径が 50〜70 μm の大きさの器官です．人間の舌の上には約 1 万個の味蕾があるといわれています．味蕾の中には，5 味に対応して，

図表 2.3　味蕾の構造

図表 2.4 味覚受容体の構造

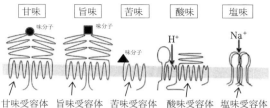

日下部裕子「味わいの認知科学」勁草書房，2011 年を筆者改変

それぞれの味を検知する味細胞があります．味細胞の先端には味覚受容体があります．味物質がこの味覚受容体に結合したとき，人間は初めて味を検知します．味覚細胞は味覚神経につながっており，それぞれの味は別々に，味覚神経内を電気信号となって脳に伝えられます．

味覚受容体をさらに細かく，分子構造レベルまで見た模式図を図表 2.4 に示しました．味覚受容体の分子構造は，5 味に対応してそれぞれ異なっています．例えば甘味のスクロース分子や旨味のグルタミン酸ナトリウム分子が，甘味や旨味の受容体分子に接触した時に初めて甘味，旨味を感じることになります．なお，苦味には，全部で 25 種類もの異なる分子構造の受容体があるといわれています．これは苦味のもとになる物質の種類が多く，しかも複雑な分子構造をしているためといわれています．また，酸味と塩味は，受容体分子の隙間を，酸味の場合は水素イオン（H^+）が，塩味の場合はナトリウムイオン（Na^+）が通過することで味を感じます．

辛味と渋味を感じる機構は，これまで述べた味の受容機構，つまり「味蕾内部の味細胞にある味覚受容体で感じる」とは異なります．辛味は，痛みや熱さを感じる感覚受容体で感じ，発生した神経信号は三叉神経と呼ばれる神経系で脳へ伝わります．一方渋味は，口腔内の粘膜表面のタンパク成分が渋味成分と結合して，口中でひきつったような感覚が発生することが原因といわれ，辛味と同様に三叉神経で脳に伝達されます．この様に，辛味，渋味は，いわゆる 5 味の伝達経路と異なり，痛みの感覚受容伝達経路を使って伝わるため「味ではない」といわれることがありますが，いずれも特定の物質起因で口中にて発現し，最終的に脳で風味として判断されるという共通点があるので，本書では，5 味＋渋味・辛味を 7 味として同等に味として扱います．

2.2.2 香り

リンゴとミカンの風味はなぜ違うのでしょうか？リンゴやミカンには甘味と酸味，そしてわずかながら旨味や渋味という「味」があります．しかしリンゴとミカンの風味の違いは甘味，旨味，酸味，渋味といった「味」だけでは説明できません．これはリンゴとミカンの風味の決定的な違いの原因が「香り」にあるからです．香りも味と同様に分子でできています．リンゴはリンゴ独特の香りの分子を持っており，ミカンはミカン独特の香り分子を持っています．リンゴもミカンもそれぞれを特長づける香り分子はそれぞれ数百種類あるといわれています．味と香りの違いを図表 2.5 に示しました．

図表 2.5 味と香りの違い

	味	香り
種類の数	数十～数百種類	数十万～数百万種類
受容体	味受容体	香り受容体
受容体が反応できる状態	水溶液	気体
受容体のある場所	味蕾	嗅上皮
受容体の種類	数十種類	約 400 種類

味も香りも分子でできていますが，味の種類の数は数十種類～数百種類であるのに対し，香りの種類は数十万～数百万種ともいわれていて，正確なところはわかっていません．香りは「口中で気体となり，嗅上皮の嗅覚受容体と反応」することで検知されます．

香りの受容伝達機構を図表 2.6 に示しました．香りは，香り分子が蒸発して気体にならないと感じることができません．食品の中に含まれている香り物質は，口の中で唾液と混合されます．そしてこの香り物質は口の中で気化し，鼻道の奥にある嗅覚受容体で検知され，この信号が神経を通って脳に伝わります．

図表 2.7 に示すように，香りが嗅覚受容体に伝わる経路は 2 つあります．1 つは「オルソネーザル経路」で，体外の空気中の香り分子が呼吸とともに鼻腔から吸い込まれ，嗅覚受容体のある嗅上皮に至る経路です．もう 1 つは，「レトロネーザル経路」で，食品を咀嚼して気化した香り分子が，吐く息とともに鼻腔内に入りこみ嗅上皮に至る経路です．ワインを飲む前にグラスをくるくる回して，鼻から嗅ぐ香りは「オルソネーザル経路」からであり，ワインを口に含んで感じる香りは「レトロネーザル経路」からです．

2.2 風味発現と検知の仕組み　　　　　　　　　　17

図表 2.6 香りの発現と検知

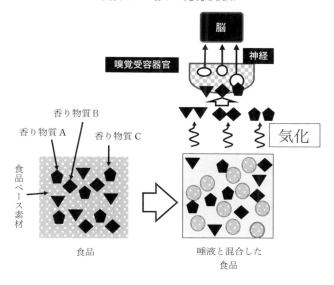

図表 2.7 香りが伝わる2つの経路

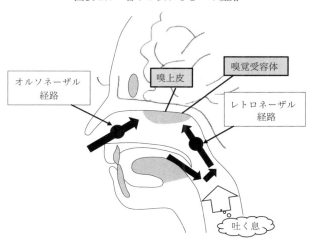

　物を食べたときの風味を決定づけているのは，レトロネーザル経路からの香りです．手で鼻をつまんだ状態で食品を食べると，吐く息が鼻腔に向かって流れないため，口中で発生した香りが嗅覚受容体に届くことができず，食品の香

りをほとんど感じることができないため，全体としてとても味気ない風味になってしまいます．その後，鼻をつまんだ手を離すと，その瞬間空気が流れて一気に香りを感じて，いつもの食品の味となります．本書では基本的に「香り」という場合はレトロネーザル経路を指し，オルソネーザル経路の場合は「匂い」と表記します．

図表 2.8 嗅上皮内の香り受容機構

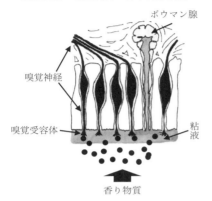

「においと味わいの不思議」虹有社，2013 年を筆者改変

図表 2.8 に，嗅上皮内での嗅覚受容機構を示しました．香りを感じる嗅覚神経は，嗅上皮の表面まで伸びています．嗅上皮の表面は，ボウマン腺等から分泌された粘液におおわれています．口中でいったん蒸発し，レトロネーザル経路を通って鼻腔に伝わった香り物質は，粘液に溶解した後，嗅覚神経先端の嗅覚受容体に接触し，検知されます．

図表 2.9 嗅覚神経の先端部

taken by Dr. Constanzo

「においと味わいの不思議」，虹有社，2013 年

図表 2.9 に嗅覚神経細胞の先端部の電子顕微鏡写真を示しました．嗅覚神経細胞の先端部は，繊毛と呼ばれる毛のような構造になっていて，この中に嗅覚受容体が入っています．嗅覚受容体は全部で約 400 種類程度あり，嗅上皮にはこの嗅覚受容体がぎっしりと並んでいます．

一方，香り物質は数十万〜数百万種類あります．これだけの数の香り物質に対応して，わずか 400 種類の嗅覚細胞がどのように対応しているかを，図表 2.10 に示しました．1 つの香り物質は複数の受容体で検知されます．例え

ば香り物質Bは嗅覚受容体Ⅰ, Ⅱが検知します. 一方, 嗅覚受容体Ⅰは, A, B, Dの香り物質を感知することができます. このように香りの受容システムは1つの物質を複数の受容体の組み合わせで感知するシステムなので, 組み合わせの違いで, 数十万〜数百万種ともいわれる香り物質を確実に識別できるシステムが出来上がっているといわれています.

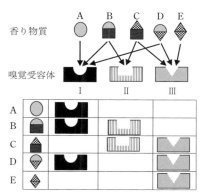

図表2.10 組み合わせによる香りの受容機構

斉藤幸子「味嗅覚の科学」朝倉書店, 2018年

2.2.3 食感

味や香りと並んで, もう一つ重要な風味要素が食感です. 食感は, 味や香りのように特定の物質から生まれるものではありません. 食品そのものの組織構造や物性の違いにより生まれます. 味や香りが化学的な特性であるのに対し, 食感は物理的な特性です.

食感も食品が口中で咀嚼され, 唾液と混合される際に発現します. 図表2.11に口中の咀嚼プロセスを示しました. 人間は固形の食品を口に入れたとき, まず「歯で噛む必要があるか?」を判断します. 必要がある場合, 歯による咀嚼を行い, このプロセスを繰り返します. これ以上, 歯で噛む必要がなくなれば, 舌と口蓋での咀嚼を行います. ここで砕かれた食品は, 唾液と混合され団子状の塊となります. 団子状の塊が「飲み込める状態」になっていなければ, このプロセスが繰り返され, 「飲み込める状態」となったとき, この塊が嚥下されます. このようなプロセスの中で, 食感という感覚が生まれます.

食感は図表2.12に示すように, 「歯ごたえ」と「口当たり」に大別されま

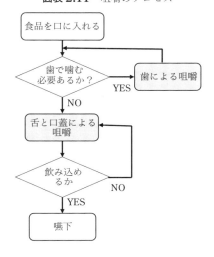

図表2.11 咀嚼のプロセス

す．「歯ごたえ」は，食品を歯で噛んだ時の感覚で，食品自体の硬さと内部の組織構造によって，柔らかい，もろい，カリカリしているといった，さまざまな歯ごたえが生まれます．「口当たり」は，口中で唾液と食品が混ざった状態で，舌と口腔内が感じる「とろとろ」，「ねっとり」といった感覚です．これらの違いを咀嚼のプロセスで説明すると，「歯ごたえ」は「歯による咀嚼で発生する感覚」，「口当たり」は「舌と口蓋による咀嚼」で発生する感覚に相当します．

図表 2.12 食感の特徴とおいしさ表現

食感	感覚の特徴	感覚の原因	おいしさ表現
歯ごたえ	歯で噛んだ時の感覚	食品自体の硬さ 食品の組織構造	もろい，カリカリ ぽろぽろ，コシがある 歯ごたえが良い
口当たり	舌と口腔内全体の感覚	食品が唾液と混ざった時の粘性	とろとろ，ねっとり なめらか，サラサラ ねばねば

このように歯または舌，口蓋で行われた咀嚼による物理的な刺激は，体性感覚受容体という，感覚受容体で検知され，信号となって神経から脳へ伝わります．図表 2.13 は一般の皮膚の体性感覚受容体を示した図です．表皮側から奥に向かって「マイスナー小体」「クラウゼ小体」「ルフィニ小体」「パチーニ小体」といった，異なる機能を持つ体性感覚受容体があります．これらの体性感覚受容体は，「触覚」「微振動」「圧覚」等，微妙に異なる感覚を検知する機能を持

図表 2.13 皮膚の体性感覚受容体

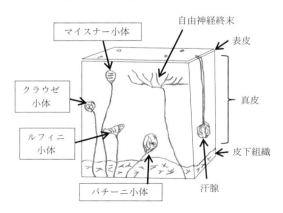

っています．このような感覚受容体が口腔内にも存在しており，咀嚼によって発生した物理的な刺激を感じています．

なお，歯の表面にはこのような感覚受容体はありません．歯は弾力性のある歯根膜で骨に繋ぎ止められており，歯で噛んだいわゆる「歯ごたえ」は，この歯根膜内にある体性感覚受容体が刺激としてとらえられます．歯根膜の体性感覚受容体の感度は非常によく，10 μm の粒でも違和感として感知できるといわれています．義歯を使っている場合，この歯根膜が存在しないため，歯ごたえをうまく感じることができないことがあります．

2.3 脳で感じるおいしさの発現

2.3.1 脳でのおいしさ発現

味，香り，食感はそれぞれに対応する感覚受容体で検知された後，神経を通って脳に信号として伝わります．本節ではこの信号がどのように脳で処理されて，最終的に「おいしい」という感覚を生み出すかについて説明します．

脳内での味の発現の全体像を図表 2.14 に示します．口腔内で発生した，味，香り，食感の信号は，脳に入るといくつかの経路を経て，脳内の味覚野，嗅覚野，体性感覚野に伝わり，それぞれが，味として，香りとして，食感として認識されます．

その際，例えば味の場合，各味覚受容体が検知した甘味，酸味，苦味等は，それぞれが別々に神経を通って脳の味覚野に入ってきます．このように別々に入ってきた味を，統合して一つの味としてまとめるのが，味覚野であるといわれています．香りの場合も，約 400 あるといわれている嗅覚受容体から別々に入ってきた信号を，嗅覚野が一つの香りとして統合します．「これはイチゴの香りだ」と初めて感じるのは嗅覚野です．

次に味覚野，嗅覚野，体性感覚野からの味，香り，食感の情報は，「眼窩前頭皮質」に伝わります．眼窩前頭皮質はコンピュータでいえば CPU（中央情報処理装置）に相当し，特に人間の直感的な判断をつかさどっています．

眼窩前頭皮質には風味情報の他に，食品の外観である視覚情報や，食品そのものに関する各種情報も入ってきます．これは例えば「この食品は有名シェフがお勧めしている」「生産者がこだわって作った野菜だ」「行列ができる人気店

図表 2.14 脳内でのおいしさの発現機構

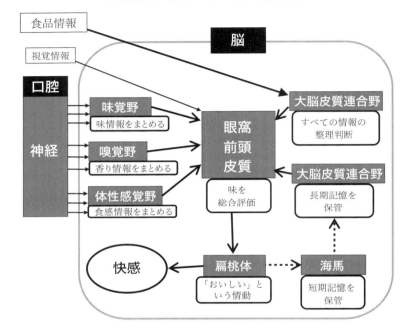

のラーメンだ」といった食品の情報です．情報は，情報の整理・判断をつかさどる「大脳皮質連合野」から流れてきます．一方，脳のハードディスクの「大脳皮質連合野」には，「この味は昔お母さんが作ったハンバーグの味と似ている」とか，「この料理は先週テレビで紹介されていた」といった記憶情報が保管されていて，これらの情報も直感の CPU である眼窩前頭皮質に流れ込みます．このように，食品に関するすべての情報，すなわち「風味」「外観」「食品そのものの情報」「記憶」が，眼窩前頭皮質に集められ最終的にその食品に対する総合判断を行います．

眼窩前頭皮質での総合判断の情報は，扁桃体に伝わります．そして最終的に扁桃体が「おいしい」という情動を発することで，人間は快感を得ることができます．

2.3.2 大脳皮質上の各器官の位置

おいしさにかかわる脳内の器官の多くは，大脳皮質上にあります．風味の情

2.3 脳で感じるおいしさの発現　　　　23

図表 2.15 大脳皮質上の各器官の位置

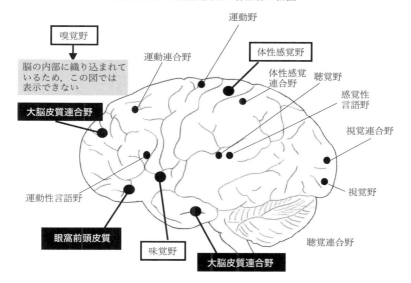

報を統合する「味覚野」「嗅覚野」「体性感覚野」，外部情報をまとめるとともに，記憶が保管されている「大脳皮質連合野」，そして，これらの情報をすべて統合する，「眼窩前頭皮質」の大脳皮質上のおおまかな位置を図表 2.15 に示しました．なお，「おいしい」と感じる「扁桃体」は大脳皮質上ではなく，大脳皮質の裏側に位置する大脳辺縁系にあります．

2.3.3　おいしさを感じた後に脳内で起きていること

　人間が「おいしい」と感じた後，何が起こるかを図表 2.16 に示します．
　眼窩前頭皮質の評価を受けて，扁桃体が「おいしさを感じる」という現象は，人間特有の理性や判断によるものではなく，動物としての反応，いわゆる情動です．「おいしい」という情動は，帯状回に伝えられて，「しあわせ」という情動を生みます．また，扁桃体からの情報は，人間や動物に「快感」を感じさせる脳内システムの起点「腹側被蓋野」に伝わります．腹側被蓋野からは脳内ホルモンの一種のドーパミンが放出され，側坐核に伝わります．側坐核からの情報は，食欲の増進をつかさどる，摂食中枢や満腹中枢がある視床下部に伝えられます．このような一連の「快感の情報伝達」の流れは，人間や動物の摂食・

図表 2.16 脳内でのおいしさの発現機構

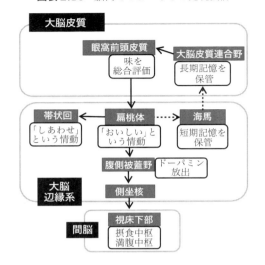

飲水行動，性行動などの動機づけに不可欠であると考えられています．

一方，扁桃体で発生した「おいしい」という情報は，すぐに「海馬」と呼ばれる短期記憶をつかさどる器官に伝えられます．海馬に蓄えられた短期記憶の情報は，最終的に大脳皮質の「大脳皮質連合野」に伝えられ，長期の記憶として脳内に定着します．この記憶が次のおいしさの判断に使われます．

これらの反応の多くは，大脳の内側（大脳皮質に対して裏側）にある，大脳辺縁系と呼ばれる部分でおきます．大脳皮質が，「人間の理性や知的な活動」をつかさどっているのに対して，大脳辺縁系は「人間の動物的な活動」をつかさどる部分です．

大脳辺縁系の風味に関する働きの中に「香りをかいだだけで，昔の記憶がふとよみがえる」という現象があります．これは，香りが嗅覚野に伝わる経路が原因と言われています．味覚や視覚などは各感覚受容体から，直接大脳皮質の感覚野に伝わりますが，香りに限っていえば，大脳皮質に伝わると同時に，大脳辺縁系の扁桃体にも直接伝わります．そのため，香りの刺激がすぐに記憶に直結するという現象が起きます．このように香りは風味の中でも，もっとも動物的な感覚ともいわれています．

2.4 おいしさと記憶

おいしさ価値をお客様に伝えるために，作り手はおいしさを記憶していなければなりません．そして，お客様におりしさを記憶していただき，結果としておいしさを価値として認めていただく必要があります．このように，おいしさを価値として考える時，記憶の役割は大変重要です．

ソムリエの方はワインの生産地域，品種，ブランド，年代などの知識と，その味の特徴を示す 300 種類もの風味の言葉，それぞれの実際の味を体系だてて記憶しています．その結果，お客様に対して図表 1.3 で示したような，風味の説明をすることができます．本節ではソムリエの方を例にとり，おいしさを記憶する仕組み，記憶と言葉の関係を脳科学の視点で説明します．

2.4.1 記憶の理論

脳科学では人間の記憶を図表 2.17 のように分類しています．

図表 2.17 記憶の種類

名　称		記憶の継続	定義・実例
短期記憶		×	最近起きたことに関する記憶 短期間覚えていられるがすぐに忘れる
長期記憶	意味記憶	△	学習によって得られた知識．なかなか覚えられない 「鎌倉幕府ができたのは 1185 年」など
	エピソード記憶	○	自分の体験に根ざした記憶．「新婚旅行で行ったハワイの海の色はエメラルドグリーンだった」など
	手続き記憶	○	体で覚える記憶．自転車の乗り方や泳ぎ方など一度覚えるとなかなか忘れない

たった今経験した事の記憶を「短期記憶」と呼びます．例えば，「朝ごはんに食べた食事の内容」「さきほどの授業で先生が話した内容」などです．これらの記憶は経験後ごく短期間は覚えていられますが，じきに忘れてしまいます．短期記憶はコンピュータでいえば電源を落とせば消えてしまう短期メモリのようなものです．

これに対して，覚えようと意識しながら学習等で覚える記憶を「意味記憶」と言います．いわゆる丸暗記です．意味記憶は，繰り返し覚えようとかなりの努力をしなければ定着せず，いったん覚えてもしばらくすると忘れてしまうこ

ともあります．

また，自分が体験したことに関連付けられた記憶を「エピソード記憶」といいます．体験したことを単なる事実だけではなく，時間，場所，視覚，聴覚などの情報を総合した，ストーリーとして記憶されるので，より定着しやすい記憶です．

さらに「楽器の演奏」「自転車の運転」のように，体を使って覚えた記憶を「手続き記憶」といいます．手続き記憶もいったん記憶されると，なかなか忘れることはありません．

「短期記憶」に対して，「意味記憶」「エピソード記憶」「手続き記憶」はすべて長期記憶です．長期記憶はまず海馬に記憶されます．海馬での記憶は一カ月程度しか残りません．海馬の記憶が，大脳皮質の大脳皮質連合野などに記憶されると，定着した記憶となります．

受験勉強などで記憶を定着させたい場合は，丸暗記の「意味記憶」としてではなく，覚える内容をその背景やストーリーを含めて「エピソード記憶」として定着させたり，繰り返し書いたり暗唱したりして，「手続き記憶」として覚えるのが有効であるといわれています．

2.4.2　プロによるおいしさの記憶　〜ソムリエを例に

ソムリエの方はどのようにして味を記憶して，それを定着させ，お客様に語れるようになっているのでしょうか？ソムリエの方が，おいしさを学習（インプット）する脳内プロセスイメージを図表2.18に示しました．

まず初めに〇〇ブランドのワインは，「△△の風味である」という，「風味の言葉」を学習により学びます．その際，このワインの産地，品種，ヴィンテージ（生産年）などの「素材情報」も同時に学習します．そして，これらの知識

図表2.18　ソムリエによるおいしさの学習（インプット）

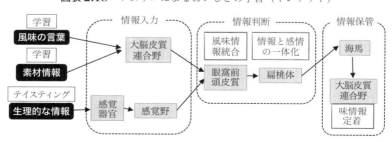

を短期記憶として持ちながら，〇〇ブランドのワインをテイスティングします．そこで感じた風味は生理的な情報として感覚器官，感覚野を経て眼窩前頭皮質に伝わります．同時に学習した△△味という「風味の言葉」の情報，産地・品種・ヴィンテージなどの素材情報も，大脳皮質連合野を経由して，眼窩前頭皮質に伝わります．これらの情報が眼窩前頭皮質で一体となり，扁桃体で感じた個人的な好みの情報と合わせて，海馬に記憶されます．

　このように，学習により得られた「風味の言葉」「素材情報」と，テイスティングにより得られた「生理的な情報」とを一体として経験することで，「〇〇ブランドのワインは△△の味，産地は・・，品種は・・，ヴィンテージは・・」という情報が一体となって記憶されていくのです．テイスティングをせずに，知識学習だけで「〇〇ワインは，△△の風味」ということだけを丸暗記するのは，非常に困難です．それは図表2.7で示したように，丸暗記は「意味記憶」だからです．意味記憶は，テイスティングという体を使った生理的な情報と組み合わせることで，記憶されやすい「手続き記憶」となります．さらに産地や品種，ヴィンテージの情報を一緒に記憶することで「エピソード記憶」になります．このようにソムリエの方は，「テイスティング」「風味の言葉」「素材情報」を一体として学び，「手続き記憶」「エピソード記憶」として定着させる学習をしています．もちろんこのような学習は，漫然とやっていてできるものではなく，ワインの味を見える化するのだという強い意志と，膨大な数の種類のテイスティングの経験が必要なのは，いうまでもありません．

　続いてインプットした情報を使って，実際にお客様の前でワインをテイスティングして，説明するプロセスを図表2.19に示しました．ソムリエの大脳皮質連合野には，多くの風味情報と味の言葉，素材情報が連動して整理された状

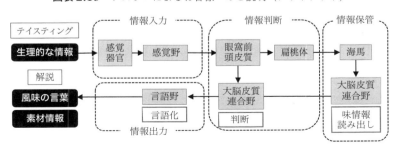

図表 2.19　ソムリエによるお客様へのご説明（アウトプット）

態で記憶されています．目の前のワインをテイスティングして，自分の大脳皮質連合野に記憶されている情報と付け合わせることで，この味の特徴を瞬時に言葉で表すことができるとともに，産地や品種の情報もお客様に説明ができるのです．

2.4.3　一般のお客様のおいしさの記憶

一般のお客様はソムリエではありませんので，ここまで努力していろいろな味を記憶することはできません．しかし，食品の事業者からすれば，発売した商品のおいしさをぜひ記憶していただき，2回3回と継続して購入していただきたいものです．

どうしたらお客様に味を記憶していただくかという点を，第1章で紹介した吾助じゃがいもの事例で考えてみましょう．図表2.20に，一般のお客様が吾助じゃがいもを食べたとき，脳に入ってくる情報の流れを示しました．

食べ方Aのように，細かい風味の説明を聞く場合は，風味に関するたくさんの言葉の情報をインプットしながら吾助じゃがいもを食べます．この時お客様はじゃがいもを食べながら，「ああ確かに土の香りがする．これが昔ながらのじゃがいもの香りなのか」とか，「本当に，後味の香りはナッツみたいだ」などと確認しながら食べることになり，商品の味の印象が強く残ります．味の説明を聞きながら食べることで，「手続き記憶」としてお客様に記憶される可

図表2.20　与えられる情報による記憶の違い

食べ方A	食べ方B
風味の説明を聞く ・噛んだ瞬間の土臭いじゃがいもの香り ・まるで上質の羊羹のようにねっとりした食感 ・濃厚でこってりした甘味 ・後味に残るカシューナッツのような香り	**風味の説明を聞く** ・普通のじゃがいもに比べて味と香りがすばらしい
素材情報を聞く ・江戸時代から作られていた歴史 ・山間で細々と作られていた ・二つ星フレンチのシェフが気に入った ・高級スーパーのバイヤーが仕入れに来た	**素材情報を聞く** ・江戸時代から作られていた歴史 ・山間で細々と作られていた ・二つ星フレンチのシェフが気に入った ・高級スーパーのバイヤーが仕入れに来た
食べて風味を味わう	**食べて風味を味わう**
エピソード記憶　　手続き記憶	意味記憶

能性が高くなるわけです．あわせて江戸時代からの歴史や製法，フレンチシェフの動きなどの「素材情報」が加わることで，「エピソード記憶」としても定着します．

　これに対して食べ方Bは，「おいしいね」とは思うかもしれませんが，具体的にどうおいしいのかを知ることができません．じゃがいものおいしさの特徴を，言葉で分析しながら食べる人はほとんどいないでしょう．したがって，「素材情報」が単独で「意味記憶」として記憶されるだけなので，記憶は定着せず忘れられてしまう可能性があります．

　食品の販売はビジネスなので，1回売れればそれで終わりではありません．食べ方Bの場合は，一度は買ってもらえても，味の印象が残らないため，続けて買ってもらえるかは疑問です．なぜなら，世の中には食べ方Bのようなグルメ記事はあふれており，お客様は次なる興味の商品に移ってしまうからです．商品を続けて購入していただくためには，その味が単においしいだけでなく，長期に印象に残ることが最も重要です．したがって，食べ方Aのように風味の情報と同時に食べていただくことで，記憶を「手続き記憶」「エピソード記憶」化させることが必要になります．

第3章 おいしさを構成する要素

本章では，図表3.1に示すおいしさを構成する7つの要素を，それぞれ説明します．

おいしさの構成要素は，基本的に食品の中にあり，「物質要因」と「情報要因」に大別されます．物質要因としては，「(1) 味」，「(2) 香り」，「(3) 食感」が最も重要な要素で，この「(4) 3要素が統合」されたものもあります．また，色や音などの「(5) 3要素以外の要素」が食品のおいしさに影響することもあります．さらに，食品の持つ「(6) 情報」もおいしさを構成する要素です．

食品の中ではなく，人間の側にあるおいしさ要因が「(7) 記憶」です．記憶には，「なつかしい味」とか「ホッとする味」などが含まれます．また「濃い味」「薄い味」も，個人個人の食経験に左右されているため，記憶からくるおいしさ要因といえます．

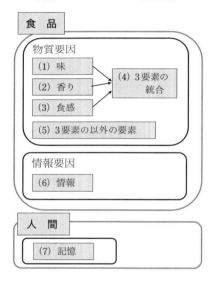

図表3.1 おいしさの構成要素

3.1 味の種類

味は7味（甘味, 塩味, 旨味, 酸味, 苦味, 渋味, 辛味）に分類されます．また，7味以外にも味として認識されている，冷涼感，えぐみ，油の味などがあります．本節では，それぞれの味をもたらす物質は何か，という点を中心に説明します．味をもたらす物質の数は全部で数十種類〜数百種類といわれています．

3.1.1 甘味

　甘味をもたらす代表的な物質としては糖類があります．ここでいう糖類とはグルコース（ぶどう糖），フラクトース（果糖）などの単糖類，スクロース（蔗糖）などの二糖類があります．またアラニン，グリシンなどの一部のアミノ酸も甘味をもたらします．他には，ステビオサイドなどの天然甘味料，アスパルテームなどの人工甘味料があります．分子構造が異なる糖類，アミノ酸，甘味料がなぜ同じように甘味をもたらすかというと，図表3.2に示すように，これらの物質の分子構造に「甘味を感じる共通構造（図表3.2のAH-B部分）」を持っているからです．この共通構造を，舌の上の味蕾にある甘味受容体（図表2.3，図表2.4）が検知して甘味を感じることができるのです．

図表3.2　甘味を呈する物質に共通の分子構造

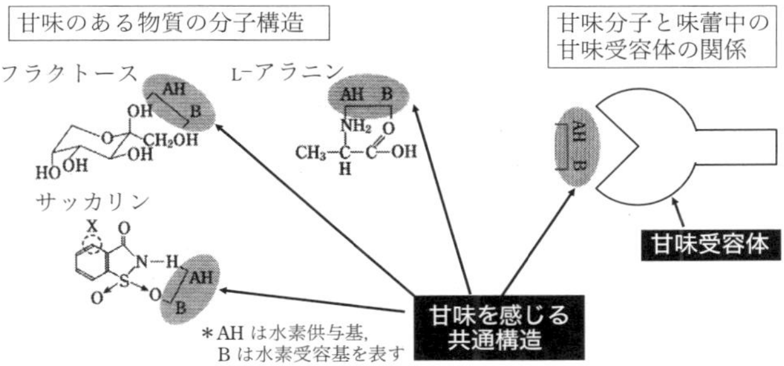

＊AHは水素供与基，Bは水素受容基を表す

日本味と匂学会「味のなんでも小辞典」講談社，p27, 2004年を筆者改変

　甘味の強さは甘味物質によって異なります．図表3.3に甘さの強さ，すなわち甘味度を示しました．甘味度とはスクロース（蔗糖）を1としたときの相対的な甘さの程度です．

　種類の異なる甘味物質は微妙に甘さの質も異なります．ステビオサイドはわずかに苦味があり，アスパルテームはわずかに旨味があります．

図表3.3　甘味度

甘味物質	甘味度
スクロース（蔗糖）	1
グルコース（ぶどう糖）	0.6〜0.7
フラクトース（果糖）	1.2〜1.7
グリシン	0.9
アスパルテーム	200
ステビオサイド	300

3.1.2 塩味

塩味をもたらす物質は，塩化ナトリウム NaCl です．実際に味蕾の味覚受容体が検知するのはナトリウムイオン（Na^+）ですが，それだけでは塩味を感じることができず，塩素イオン（Cl^-）も味覚の受容に何らかの関係があるといわれています．塩味をもたらす物質は，塩化ナトリウム以外に存在しません．塩化カリウム（KCl）は低濃度であれば塩味とやや近い味ですが，高濃度ではえぐ味のある味です．塩化リチウム（LiCl）が比較的塩味に近い味といわれていますが，毒性があります．

3.1.3 旨味

1908 年に東京帝国大学の池田菊苗博士が，グルタミン酸の抽出に成功し，これを旨味と名付けました．しかし，旨味は欧米の食文化ではあまりなじみのない味のため，世界的には基本味として認められていませんでしたが，2000年に旨味の受容体が発見され，旨味が基本味の一つとして，認知されるようになりました．このような経緯から，旨味は英語でも umami と表現されています．

図表 3.4 旨味物質名と豊富に含む食品

旨味物質	分類	豊富に含まれる食品
グルタミン酸	アミノ酸	こんぶ，野菜類，肉類，魚介類，小麦，豆類
イノシン酸	核酸	かつお節，肉類
グアニル酸	核酸	干ししいたけ
コハク酸	有機酸	貝類

主な旨味物質を図表 3.4 に示しました．グルタミン酸はこんぶだし，イノシン酸はかつお節だしの旨味物質ということが良く知られていますが，他の多くの食品にも含まれています．グルタミン酸は肉や野菜，イノシン酸は肉に含まれているため，西洋料理のスープの旨味は，グルタミン酸とイノシン酸によるものです．また，醤油やみその旨味成分は，グルタミン酸とアスパラギン酸などのアミノ酸です．トマトもグルタミン酸を多く含み，完熟するほどグルタミン酸の量が増えます．最近流行の熟成肉は，肉を熟成することでイノシン酸が増えるため，旨味が強くなっています．このように，旨味成分であるグルタミン酸とイノシン酸は，多くの食品のおいしさにかかわっています．

この他に，干ししいたけを水戻ししたときにできるグアニル酸や，アサリなどの貝類に含まれるコハク酸も旨味物質です．

3.1.4 酸味

食品中で酸味をもたらす物質を，図表 3.5 に示しました．酸味として口中の酸味受容体と反応するのは，水素イオン H^+ です．例えばクエン酸は，唾液中で

$$C(OH)(CH_2COOH)_2COOH = C(OH)(CH_2COO)_2COO^{3-} + 3H^+$$

のように分離され，生じた水素イオン H^+ が酸味受容体に検知され酸味を感じます．

H^+ 濃度を示すのが pH です．pH は 0〜14 の範囲で表示され，7 が中性，数字が小さいほど酸性が強い，すなわち酸味が強いことになります．レモンの pH は 2.5 前後，ワインは 3〜4，コーヒーや醤油は 5 前後です．図表 3.5 に酸味物質と，この物質を含む食品を示しましたが，それぞれの食品に含まれる酸味物質は 1 種類ではありません．例えばワインであれば，酒石酸の含有比率が最も高く，次いでリンゴ酸やクエン酸が多く含まれ，さらに少量含まれる酢酸，乳酸，酪酸などもワインの味の重要な役割を持っています．コーヒーにはクエン酸，酢酸，リンゴ酸が含まれます．また，醤油の酸味は乳酸，酢酸，クエン酸などで構成されています．それぞれの酸味物質の味は微妙に異なるため，食品ごとの酸味の味の質も異なります．

図表 3.5 酸味物質名と豊富に含む食品

酸味物質	豊富に含まれる食品
クエン酸	柑橘類，果物全般，清涼飲料水
酢酸	酢
乳酸	ヨーグルト，漬物，醤油
リンゴ酸	リンゴ
酒石酸	ワイン

図表 3.6 苦味物質名と豊富に含む食品

苦味物質	豊富に含まれる食品
カフェイン	コーヒー，緑茶，紅茶，ココア，チョコレート清涼飲料（栄養ドリンク，コーラ）
フムロン	ビール（ホップ）
テオブロミン	カカオ
ククルビタシン	ゴーヤ，メロン，キュウリ
D-リモネン	柑橘類の果皮
ナリンジン	グレープフルーツ，はっさく
苦味アミノ酸	海産物
苦味ペプチド	チーズ，大豆
胆汁酸	魚の肝
無機塩類（カルシウム，マグネシウム）	野菜類，海水塩

3.1.5 苦味

苦味をもたらす物質を図表 3.6 に示しました．苦味物質は種類が多い上，それぞれが多様な分子構造をしていま

す．これらに対応して，人間の苦味受容体は 25 種類程度あると言われ，甘，塩，旨，酸味の受容体が 1～2 種類しかないのとは対照的です．

　また苦味は他の味に比べて，薄い濃度でも検知が可能です．このように，人間には「苦味を感度よく検知する仕組み」が備わっていますが，これは苦味が本来毒の味なので，毒を体内から排除するため，感度の良い苦味センサーを備えているといわれています．特に乳児や子供は苦い味を本能的に嫌います．

3.1.6　渋味

　食品中の渋味物質として，もっともよく知られているのは，タンニン類です．タンニン類は，口中で舌や口腔粘膜のタンパク質と結合して変性させるため，体性感覚受容体（痛み，触覚，食感を感じる，図表 2.13）を刺激して，渋味を感じるといわれています．

　タンニンは，茶（茶カテキン），ワイン，カカオ製品などに含まれます．柿渋の渋味も，タンニンが原因です．タンニンはポリフェノールと呼ばれる物質の一つです．

3.1.7　辛味

　辛味をもたらす物質を，図表 3.7 に示しました．唐辛子の辛味物質のカプサイシンは，43℃以上の温度刺激に反応する温度受容体と結合して，辛味を感じます．唐辛子を食べたとき，辛味だけでなく熱さを感じるのは，このためです．この受容体は口中だけでなく体表面にも存在するため，唐辛子が皮膚についた場合痛みを感じます．

　生姜の辛味物質のギンゲロールや胡椒の辛味物質のピペリン，また山椒の辛味成分のサンショオールも，同じ温度受容体に結合することが知られています．サンショオールは同時にしびれるような感覚を引き起こすため，痛みだけでなく触覚に関する受容体を刺激するとされていますが，詳細はわかっていません．

図表 3.7　辛味物質名と豊富に含む食品

辛味物質	豊富に含まれる食品
カプサイシン	唐辛子
ギンゲロール	生姜
ピペリン	胡椒
サンショオール	山椒
アリルイソチオシアネート	わさび，大根おろし
ベンジルイソチオシアネート	マスタード
ジアリルジスルフィド	ニンニク

一方，ワサビや大根おろしの辛味物質であるアリルイソチオシアネートは，17℃以下の温度に反応する温度受容体に結合して，辛味を感じます．しかし，ワサビや大根おろしを食べたとき，冷たさを感じない理由はよくわかっていません．

3.1.8　7味以外の味

（ア）　冷涼感

ペパーミントなどミント類には，メントールという物質が含まれます．メントールは28〜29℃以下の温度に反応する温度受容体を刺激するため，ミント類を食べるとひんやりとした冷涼感が得られます．この受容体は皮膚にも存在するため，ミント類はクール系と呼ばれるボディーケア商品にも使われます．

一方，エリスリトール，キシリトールなどの一部の糖アルコールは，口の中で唾液と混ざり溶解する際，溶解熱を奪うため冷涼感をもたらします．（図表3.8）．この冷涼感は，メントールによる冷涼感とは全く異なる作用が原因です．

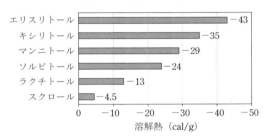

図表3.8　糖類の溶解熱

早川幸男編著　尾坂光亮「糖アルコールの新知識　改訂増補版」食品化学新聞社，2006年

（イ）　えぐ味

えぐ味としては，ほうれん草に含まれるシュウ酸，たけのこに含まれるホモゲンチジン酸が良く知られています．山菜のアルカロイド由来の苦味や，ごぼう等のポリフェノール由来の渋味も，えぐ味といわれることがあります．えぐ味は，苦味と渋味の混ざった味であり，明確な定義付けのむずかしい味です．

（ウ）油の味

　純粋な油は，ほぼ無味無臭です．しかし，油を含む食品は含まない食品より，多くの場合おいしさがアップします．例えば牛乳（乳脂肪分3〜4%）よりも生クリーム（乳脂肪分30〜45%）のほうが，旨味やこくが強く感じることはよく知られています．このため「油の味は味覚か？」というテーマの研究が現在精力的に進められており，舌の奥に分布する味蕾の中の特定のタンパク質が，油脂の嗜好性と関係がありそうだという研究結果も出ています．

3.1.9　味の生理的な意味

　ここまで，人間が認識している各種の味について，物質面を中心に説明してきましたが，味は人間にとって有用な味と危険な味に大別されます．動物は食物を口に入れたとき，生きるために必要な栄養素を含む食物を「おいしい」，危険なものを「まずい」と判断してきました．このように味や香りの本質的な機能は，「生きるためのセンサー」であるともいわれています．

　人間に必要な三大栄養素は，炭水化物，脂質，タンパク質です．食塩も人間に必須のミネラルです．これまで述べた味のうち，「甘さ」は炭水化物が分解された糖による味，「旨味」はタンパク質が分解されたアミノ酸の味です．「塩味」はいうまでもなく，人間にとって必要な味ですし，味覚として認定されていませんが「油味」もおいしさをもたらす味です．これに対して腐敗によって発生する「酸味」，毒物に多い「苦味」「渋味」は本来生物にとって危険な味です．生まれたての赤ちゃんが「甘味」「旨味」には喜び，「酸味」「苦味」には顔をしかめるのは，このような人間の動物としての本来の姿を反映しているといえます．

図表3.9　5味試験溶液の濃度

	呈味物質	濃度(%)
甘味	スクロース（蔗糖）	0.4
旨味	グルタミン酸ナトリウム	0.05
塩味	塩化ナトリウム	0.13
酸味	酒石酸	0.005
苦味	カフェイン	0.02

「おいしいさを測る」幸書房，2004年

　図表3.9に官能評価の検査員が鋭敏な感覚を持っているかどうかを試験する5味試験溶液の濃度を示しました．この濃度は，鋭敏な舌の感覚を持つ人が感じることのできるぎりぎりの濃度として設定されています．酸味，苦味の数字が小さいのは，少量摂取しただけでその味を感じることができることを示しています．これは，人間は危険

3.2 香りの物質

な味を少量で感じるようになっているためとも言われています．

しかし現代の人間は，コーヒーやワインなど，苦い，渋い，酸っぱい食品を好んで摂取します．これは人生の中で得た学習，知識により，生理的には不可な味も，おいしいもの，自分の役に立つものと判断して摂取しているのです．このことからも，人間がおいしさを決める際には，脳内の記憶や判断が重要であることがわかります．

3.2 香りの物質

前節で述べたように，味物質は数十種類〜数百種類ですが，香り物質は数十万種〜数百万種類あるともいわれています．香り物質の嗅覚受容体での受容機構は，図表2.10に示したように「約400種類の受容体が複数の香り物質を認識し，その組み合わせのパターンで香りを認識する」ということまではわかっていますが，香り物質のそれぞれについて，どの嗅覚受容体の組み合わせで検知されるのかが完全に解明されているわけではありません．

3.2.1 物質としての香り

香りは特定の分子構造を持つ物質です．一般に食品の香り物質は，分子量350以下のそれほど大きくない揮発性の有機化合物です．香りの分子構造のごく一例を図表3.10に示しました．

マツタケオールという物質は松茸の香り，アオバオールは青葉のような青臭い香り，ヘキサノール，ヘキサナールは青りんごの香り，リモネンはレモンの香りがします．

レモンの香りはリモネンだけでできているわけではありません．レモンの香りの成分としては，リモネン以外にシトラール，酢酸ネリル，酢酸ゲラニルなど多くの種類があります．これらの香り成分量のバランスの違いにより，同じレモンでも微妙な香りの差が出るのです．

図表3.11にイチゴの主な香り成分と，それぞれの成分の特徴を示しました．例えば，(Z)-3-ヘキセノールや(E)-2-ヘキセナールを多く含むイチゴは，よりフレッシュな香りとなり，リナロールを多く含むイチゴはより完熟した香りとなります．現在，イチゴの香り成分は，全部で300種類以上が報告されています．このようにいくつかの食品では，その食品に含まれる香りの成分が同定

図表 3.10 香りの分子構造（例）

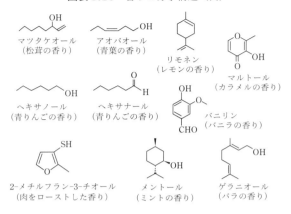

図表 3.11 イチゴの主な香り成分

イチゴの香りの特徴	主な香り物質
軽さと甘さのある新鮮感	酪酸エチル，酪酸
フレッシュなグリーン感	(Z)-3-ヘキセノール (E)-2-ヘキセナール
種感，完熟感	リナロール
白っぽい果肉感	γ-デカラクトン
甘い果汁感	フラネオール®
ジャム感	桂皮酸メチル
完熟感	ジメチルジスルフィド チオ酢酸 S-メチル

講談社「香料の科学」著・長谷川香料㈱
表 3-4「イチゴの主なにおい成分」より

されています．例えば柑橘類では 200 種類以上，メロンでは 250 種類以上，コーヒーでは 800 種類以上，お茶（緑茶，紅茶，ウーロン茶）では 700 種類以上の香り物質で構成されることがわかっています．

食品によっては，それぞれの香り成分物質がどのように生成されるかについても，研究が進んでいます．例えばワインの 500 種類以上の香り物質は
・ブドウそのものが持っている香り
・ワインの製造工程，発酵中に発生する香り
・ワインを保管する際，瓶内で熟成されて発生する香り

に分類されるといわれます．「ブドウそのものが持っている香り」は品種によって異なり，ゲヴェルツトラミネール，マスカットなどの品種は，強い香りをもっています．これらの品種は，リナロール，ゲラニオールといった花の香りのする物質を多く含みます．一方，カベルネソーヴィニョンやシャルドネなどの品種にはこれらの香り物質があまり多く含まれていません．「加工，発酵中に発生する香り」の例としては，バラやトロピカルフルーツの香りのβ-ダマセノンや，スミレの香りのβ-イオノンがあります．これらの物質はブドウが破砕された後，ブドウの中のカロテノイドが酸化酵素により生成されるといわれています．これ以外の良く知られた，ワインの香り物質の生成過程について図表3.12に示しました．

このようにいくつかの食品では，香り物質や特徴，生成のメカニズムがわかってきていますが，すべての食品の香り物質が解明されているわけではありません．ワインやウイスキー，コーヒーやお茶などの嗜好品や，フルーツなどでは多くの研究がされてますが，例えば，野菜の香り物質の研究はそれほど多くありません．また，調理品については加熱の工程により，さらに複雑な物質が生成するなど，化学反応も複雑なため，調理品の香り物質についてもまだまだ研究途上といえるでしょう．

図表3.12 ワインの香り物質と生成過程

	物　質	香りの特徴（通称）	備　考
ブドウそのものが持っている香り	メトキシピラジン類	青臭い香り，さわやかな緑の香り（ピーマン臭）	品種：カベルネソーヴィニヨン
	(−)−ロツンドン	胡椒の香り	品種：シラー
	アントラニル酸メチル o-アミノアセトフェノン	グレープジュースの香り（フォクシー臭）	品種：コンコード種他アメリカ種
加工・発酵中に発生する香り	酢酸イソアミル	バナナ	アルコール発酵中の副産物
	カプロン酸エチル	りんご	
	乳酸，酢酸，ダイアセチル	バター風味，ムレ臭，ワインに厚みをもたせる	乳酸菌によるマロラクティック発酵
	フルフラール類 オイゲノール，バニリン	樽香	樽熟成

「ワインの香りの評価用語」におい・かおり環境学会誌，2013年

3.2.2 言葉による香りの体系的分類

　日本語に限らずどの言語も，香りに関する語彙はあまり多くありません．その表現は「フルーツの香り」「土臭い」というように，物にたとえた「具体表現」です．一方，味の場合は，「甘い」「苦い」といった抽象表現を使います．色の場合でも「赤，青，黄色」というのは，その言葉で全員が理解する「一般化した抽象表現」です．

　香りの表現で「抽象表現」が使われず，「具体表現」がほとんどなのは，香りの場合「7味」や「色の3原色」といった，全体の体系的分類が困難なためです．数十万から数百万種ともいわれる香りの分子を，分子構造や嗅覚受容体

図表 3.13　日本人の日常生活中の香りの分類

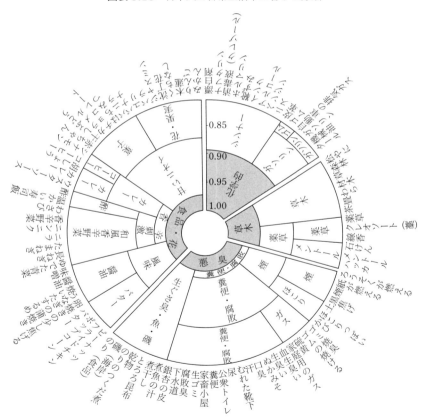

斉藤幸子「味嗅覚の科学」朝倉書店，2018年

の作用機構から体系的分類することは，現段階の知見では不可能です．そこで，生活の中に存在する香りを，分類して体系化する試みが古くから多くの研究者によって行われてきました．図表3.13は日本人の日常生活の香りや匂いを分類した例です．このように，個々の香りを円状に配置し，円の内側に大分類を配置する表現法を，フレーバーホイールと呼びます．フレーバーホイールでは食品の香りだけではなく薬品や環境の匂い，好ましい香りだけではなく好ましくない匂いも含まれています．このような分類は，文化や生活の背景によって異なるため，図表3.13の分類はあくまで日本人の香り分類となり，世界共通の汎用的な分類・体系化を作るのは困難です．

　一方，特定の食品の香りを体系的に分類しようとする試みが，それぞれの業界ごとに行われている場合があります．一例として，清酒のフレーバーホイールを図表3.14に示しました．このような特定の食品のフレーバーホイールは，それぞれの食品の持つ香りを，好ましいものだけでなく，好ましくないものも含めて，網羅することが多くなっています．また，図表3.14の清酒のフレー

図表3.14　清酒のフレーバーホイール

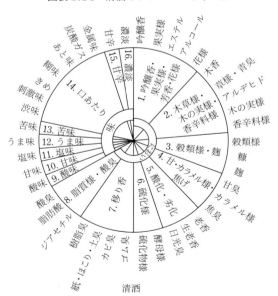

図表 3.15 清酒・ウイスキー・コーヒーのフレーバーホイールに記載された香りの言葉

清酒

吟醸香	吟醸香
果実様	果実様
芳香花様	エステル
	アルコール
	花様
木草香	木香
木の実様	草様, 青臭
香辛料様	アルデヒド
	木の実様
	香辛料様
穀物様・麹	穀物様
	糠
	麹
甘・カラメル様	甘臭
焦げ	カラメル様
	焦げ臭
酸化劣化	老臭
	生老臭
	日光臭
硫黄様	酵母様
	硫化物様
移り香	ゴム臭
	黴臭
	紙, ほこり, 土臭
	樹脂様
脂質様	ジアセチル
酸臭	脂肪酸
	酸臭

ウイスキー

穀物様	穀物の加熱臭
	野菜の加熱臭
	モルト・エキス
	初籾様
	酵母様
エステル様	柑橘様
	新鮮な果実様
	加熱した果実様
	乾燥果実様
	溶剤様
花のような	芳しい
	温室の中のような
	葉っぱ様
	ほし草様
ピート様	薬品様
	煙っぽい
	薫製様
	苔様
余溜臭	プラスチック様
	たばこ様
	汗様
	革製品様
	蜂蜜様
硫黄様	砂っぽい
	ゴム様
	石炭ガス
	野菜様
木材様	新材様
	古材様
	バニラ
	焦げた感じ
ワイン様	シェリー
	ナッツ様
	チョコレート

コーヒー

花の香り	紅茶		ロースト感	穀物	麦
	花の香り	カモミール			穀物
		ローズ		焦げた	茶色, ロースト
		ジャスミン			煙っぽい
フルーツの香り	ベリー	ブラックベリー			灰っぽい
		ラズベリー			酸っぱい
		ブルーベリー		たばこ	
		ストロベリー		パイプタバコ	
	ドライフルーツ	レーズン	スパイス	ブラウンスパイス	クローブ
		プルーン			シナモン
	その他フルーツ	ココナッツ			ナツメグ
		チェリー			アニス
		ザクロ		胡椒	
		パイナップル		鼻にツンとくる	
		グレープ	ナッツココア	カカオ	ダークチョコレート
		アップル			チョコレート
		ピーチ		ナッツ	アーモンド
		ピール			ヘーゼルナッツ
	柑橘類	グレープフルーツ			ピーナッツ
		オレンジ	甘い香り	スイーツアロマ	
		レモン		全体的に甘い感じ	
		ライム		バニリン	
サワー発酵感	サワー	サワーアロマティック		バニラ	
		酢酸		ブラウンシュガー	はちみつ
		酪酸			カラメル化した
		イソ吉草酸			メープルシロップ
		クエン酸			糖蜜
		リンゴ酸	その他	紙臭かび臭い	古くさい
	アルコール発酵感	ワイニー			段ボール
		ウイスキー			紙
グリーン野菜		オリーブオイル			木材
		生の			じめじめしたかび臭さ
	グリーン野菜	成熟前の			ほこりっぽいかび臭さ
		エンドウ豆の鞘			土っぽいかび臭さ
		フレッシュ			動物っぽい
		ダークグリーン			肉っぽい／ブイヨンっぽい
		野菜			フェノール
		干し草		化学的な	苦い
		ハーブ			塩っぽい
					薬っぽい
					石油っぽい
					スカンクっぽい
					ゴムっぽい

ウイスキー：バランタイン HP：https://www.ballantines.ne.jp/scotchnote/38/

清酒：「フレーバーホイール専門家による味嗅覚の科学」（科学と生物），2012 年

コーヒー：SCA HP（https://www.scaa.org/）

バーホイールように，香りだけではなく，味表現を含んでいるものもあります．

図表 3.15 に清酒，ウイスキー，コーヒーの業界で提案されているフレーバーホイールのうち，香り表現のみを抜き出し表現を一般にわかりやすくした表にまとめました．

フレーバーホイールは，専門家同士が共通の言葉で味を表現して品質を評価することを目的に作られているため，業界のみ通用する用語も多く使われています．例えば，ウイスキーの「ピート様」（麦芽を乾燥させるときに燃料として使う泥炭が焦げた香り），「余溜臭」（ウイスキーの 2 回目の蒸留工程で得られる重たい香り）のような言葉です．ところが最近では，業界内部の専門知識を学んだ一般のお客様が，専門用語を駆使してウイスキーをテイスティングし，味を語り合うといったシーンが増えています．一般のお客様向けのウイスキーのテイスティングイベントでは，「ピート様」「余溜臭」といった言葉は，普通に飛び交っています．このような専門用語の大衆化は，おいしさの見える化の観点からも歓迎すべきことと思います．

酒類やコーヒーのように，嗜好性の高い食品ジャンルではフレーバーホイールが確立していますが，このような食品はごく限られています．おいしさを見える化していくためには，各業界がそれぞれ独自のフレーバーホイールを，開発していく必要があります．さらに，その知見を自社や業界内だけにとどめることなく，広く一般のお客様に広めていくマーケティング努力も必要でしょう．

3.3 食感とは

食感は味や香りのような化学的特性と異なり，物理的な特性です．固形の食品に様々な「歯ごたえ」があるのは，その組織構造が「硬い，柔らかい」「内部に気泡を含んでいる」「崩れやすい」など，様々な特徴を持っているためです．また液体食品の場合は，粘度の違いにより，口中や嚥下時に「口当たり」が異なります．さらに固体食品が口中で破砕され唾液と混合する際の「口どけ」も，食感の一つです．食感は，食用時の快感，不快感となって食品のおいしさに影響を与えます．食感は，様々な物理的な計測により分析することができます．

3.3.1 歯ごたえ

歯ごたえを定量的に分析する目的で，図表 3.16 に示すレオメータと呼ばれ

る機械が使われます．レオメータでは，イラストに示すプランジャーと呼ばれる治具が，一定のスピードでサンプル食品に向かって降下し，食品にぶつかり破壊します．その際，プランジャーにかかる応力をセンサーが電気的に検知し，応力の波形をとります．

代表的な食品の波形を図表3.17に示します．縦軸が応力の強さ，横軸は時間の経過です．また，ここでは図表3.16に示す3種類のプランジャーごとの波形を示しています．例えば，せんべいの波形を見ると，プランジャーが食品にぶつかると一気に応力が増えて，その後急激に低下していることがわかります．これは，堅くて一気に破壊される，「バリっとした」食感を意味します．クッキーは，せんべい同様ピークは急に上昇しますが，せんべいよりは低く，しかも最大ピークの後に複数のピークが見られます．これは破壊が複数回起きる「ザクザクした」食感を意味します．

これに対して，食パンやカステラはピークの前に緩やかな肩状の波形を示し，食品が破壊される前におし潰されていることを示しています．しかし，ピークは尖っているため「歯切れは良い」ことも示しています．一方，こんにゃくはピーク前の肩がなだらかでしかもピークは鈍角です．これは食品に弾力がありへこむため，「くにゃっとした」食感であることを示しています．

このようにレオメータを使うことで，様々な食品の「歯ごたえ」を科学的に数値でとらえることができます．

図表3.16 レオメータとプランジャー

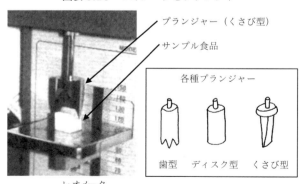

レオメータ
「サイコレオロジーと咀嚼」建帛社，1995年

図表 3.17 レオメータによる食品の破断波形

食品名	歯型	ディスク型	くさび型	食品名	歯型	ディスク型	くさび型
せんべい 20 kg				クッキー 20 kg			
食パン 10 kg				カステラ 10 kg			
こんにゃく 20 kg				かまぼこ 20 kg			
魚の切り身（焼き）20 kg				肉切り身（焼き）20 kg			
魚肉ソーセージ 10 kg				チーズ 10 kg			

「サイコレオロジーと咀嚼」建帛社，2005 年

3.3.2 口当たり

口当たりを定量的に計測するためには粘度を測定します．粘度を測定する 2 つのタイプの粘度計の構造を図表 3.18 に示します．粘度は，粘性物質に接触した円筒型または円錐型の冶具を回転させ，その応力を検知することで測定します．代表的な食品の粘度を図表 3.19 に示します．粘度が高いほど，口当たりは「ねっとり」していて，粘度が低いほど「さらっと」した口当たりです．

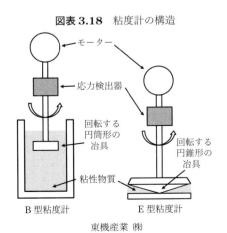

図表 3.18 粘度計の構造

東機産業 ㈱

図表 3.19　いろいろな食品の粘度

食　品	粘度 (mPa·s, cP)
しょうゆ	10
オレンジジュース	5～20
中濃ソース	300～1,000
卵白	400～1,000
ヨーグルト	1,000～10,000
マヨネーズ	2500～100,000
チョコレート (40℃)	4,000～100,000
練りワサビ	5,000～200,000
水あめ	200,000

東機産業 ㈱ HP，やさしい粘度計測ガイド，食品粘度データ図より
http://www.tokisangyo.co.jp/info/yasashii_nenndo/yasashii_nenndo.html

3.4　3 要素の統合

　ここまで食品そのものが化学的，物理的に持っているおいしさの要素である味，香り，食感を個別に説明してきました．しかし，現実の風味は，これらのおいしさの要素が絡み合っています．本節では，風味の 3 要素が絡み合い統合された味について説明します．

3.4.1　味・香り・食感の統合

(ア)　相乗効果

　旨味物質の昆布だしの旨味成分のグルタミン酸と，かつお節だしの旨味成分のイノシン酸は，同時に味わうことで，単独の時よりも旨味の強度が強くなる，相乗効果が知られています．図表 3.20 はグルタミン酸＋イノシン酸の量を 0.05 g/100mL で固定し，グラフ左側のグルタミン酸 100％から，右側のイノシン酸 100％までそれぞれの比率を変化させ，旨味の強さを測定した図です．左からスタートして，イノシン酸の比率が増えるにしたがって，旨味はどんどん強くなります．合わせだしのおいしさは，この相乗効果によるものです．こ

図表 3.20 グルタミン酸とイノシン酸の旨味相乗効果

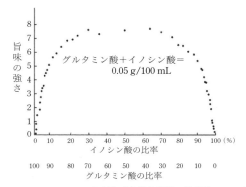

Yamaguchi (1967)　山本隆「味覚生理学」建帛社, 2017 年

の相乗効果は，これらが同時に口中内に入った場合，旨味受容体から脳への旨味信号の大きさが，単独の時よりも大きくなるためといわれています．

(イ) 対比効果

対比効果には，増強効果と抑制効果があります．

増強効果とは，ある味が別の味を引き立てる効果のことです．「あんこに塩を入れると，甘味が引き立つ」「スイカに塩をかけると，おいしい」というのは，塩味が甘味を引き立てる効果であり，「塩を加えると，だしの味が引き立つ」は，塩味が旨味を引き立てた結果です．

逆に抑制効果は，ある味が別の味の効果を弱める働きです．塩味が酸味を抑える効果として梅干しや寿司酢があります．甘味が苦味を抑える効果として，チョコレートや砂糖入りコーヒーがあげられます．

甘味は酸味を弱める効果があり，逆に酸味も甘味を弱める効果があります．清涼飲料などでは，図表 3.21 に示す甘味と酸味の対比効果を利用して，酸味としてのクエン酸などと，甘味としての砂糖などの配合

図表 3.21 甘味と酸味の対比効果

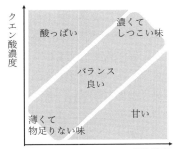

をバランスさせた味作りをしています．酸味と甘味はちょうど良いバランスの濃度範囲があります．酸が多すぎると酸っぱくなり，砂糖が多すぎると甘くなります．バランスがちょうどよくても，クエン酸，糖ともに少なければ薄くて物足りない味になりますし，両方とも濃ければしつこい味になります．このような関係を甘酸バランスといいます．

対比効果の生理的なメカニズムは，十分に解明されているわけではありませんが，旨味の相乗効果とは異なり，受容体からの信号が，神経を通じて脳で統合するときに，起きている可能性が高いともいわれています．

（ウ）こく味

こく味という表現は一般に「濃厚な味わい，厚み，広がり，まろやかさが増強された状態」を示す味として使われます．「こく味がある」という表現の他に，「○○を加えるとこく味が増す」という使われ方もあります．「○○」に相当する味や素材として，旨味物質，甘味物質，油があげられ，これらをこく味の3要素という研究者もいます．油自体には味はないが，油にはこく味を増す効果があります．こく味の3要素は，タンパク質，脂質，糖質という3大栄養素そのもので，いずれも生命にとって必須の味です．「コクがあるものほどおいしい」という一般則もうなずけます．

3要素以外にも，そのものだけでは味をほとんど感じないゼラチンやデキストリンなども，こく味を増すことがあります．ゼラチンが溶けている濃厚な豚骨ラーメンのこく味をイメージするとよくわかると思います．これは，食品の粘度が関係しているともいわれています．

また，苦味にも，こく味を増す効果があります．カレーにチョコレートを入れるとこくが増すのがこの例です．精製塩よりも海水塩の方がこくがあると言われるのも，塩化ナトリウムの中に少量混入している，塩化マグネシウムや炭酸カルシウムの苦味の影響といえるでしょう．

味だけでなく，例えばかつお節の香りもコクを深めます．かつお節が食文化に定着している日本人は，かつお節の香りからだしの旨味を連想するからかもしれません．同様に，スモークすることで，こくが増すとも言われます．スモークの香りが，肉のこく味を連想するためかもしれません．このように香りのこくに対する影響は，記憶と味が結びついた効果である可能性もあります．

以上ように，こく味は大変複雑で現在精力的に研究されている風味です．こ

く味を 5 味に対して第 6 の味と考える研究者もいます．ちなみに第 6 の味覚の候補として，こく味の他に油の味，カルシウム，炭水化物（でんぷんなど），などについて研究が進められています．

（エ） フレッシュ感

こく味と同様に複雑な要素が絡み合っている味に，フレッシュ感があります．言葉としては「みずみずしさ」，「新鮮さ」も同じ意味です．フレッシュ感を感じるためには，水分含量が多いことが前提です．フレッシュ感のある水分が多い食品は，唾液との混ざりが早く，味や香りが唾液へすぐに溶解し，素早く味覚受容体に届く，また食品と唾液との混合物の粘度が低いため，口当たりやのど越しが良い，という特徴があります．さらに，新鮮な食品独特の香りがある，食品の劣化臭が無い，食感が良いなど，過去の食経験による記憶もフレッシュ感の判断基準になっています．フレッシュ感についても，こく味同様，今後いろいろな研究が出てくるかもしれません．

3.4.2　時間軸による風味変化のパターン化

食品を口に入れた時，様々な風味要素は必ずしも同時に発現するわけではありません．食品を最初に前歯でひと噛みしたあと，最終的に飲み込むまでの時間経過とともに，口中ではいろいろな風味要素が順番に発現します．

食品を食べ始めてから食べ終わる間に，風味の 3 要素「味」「香り」「食感」が口中でどのように変化するかについての典型的なパターンを，図表 3.22 に

図表 3.22　時間経過による風味の発現

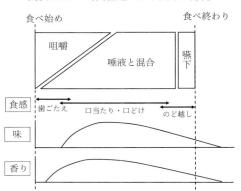

示します．食品を食べ始める場合，まず歯による咀嚼が始まります．次に食品が細かく砕かれるにつれて，食品は唾液と混合されていきます．そして，十分に唾液と混合され，流動性が出てきたところで嚥下されます．

食感のうち「歯ごたえ」は咀嚼時の食感，「口当たり」「くちどけ」は唾液と混合する際の食感，「のど越し」は嚥下の際の食感です．食感は「歯ごたえ」「口当たり，くちどけ」「のど越し」の順番で発現するのが一般的です．

味や香りは，食品を口に入れた瞬間には出てきません．第2章で述べたように，味は食品中の味物質が水（唾液）と混合し，溶解した状態で味覚受容体が検知して初めて発生します．また香りの場合は，口中で蒸発した香り物質が，吐く息の空気の流れに乗り，嗅覚受容体に到達する必要があります．このように，食べ始めと，味や香りの感じ始めのタイミングには微妙に時間差があります．一般的に，味は香りより少し遅く感じ始めることが多いようです．

このような，時間経過による風味の感じ方の変化は，食品中で味物質，香り物質が存在する場所にも影響を受けます．例えば，ポテトチップスは図表3.23上のような構造をしています．ポテトチップの周りに，コーティングされた塩や調味料の風味は，素早く唾液に溶解するので，食べ始めの早い段階で感じます．一方，じゃがいもの風味はポテトチップスの内部にあるため，ポテトチップスが口中で十分に砕かれて，唾液の中に溶解しないと出てこないので，咀嚼

図表 3.23 ポテトチップスの構造

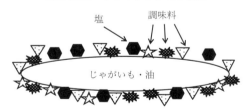

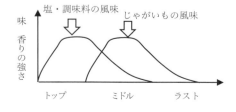

の後半から感じるようになります．

　また，通常は食品を嚥下してしまえば，味や香りはなくなるはずだが，嚥下した後にも，味や香りを感じることがあります．いわゆる「後味」「後引き」といわれるタイプの味です．これは，嚥下した後も，味や香りの物質がまだ味覚受容体に結合した状態のままであるためと考えられます．

　官能評価の専門家は，最初に感じる風味を「トップ」，中間で感じる風味を「ミドル」，最後に感じる風味や嚥下後に残る風味を「ラスト」と呼びます．例えば「粉チーズをかけたスパゲッティーミートソース」であれば，「トップに香ばしいパルメザンチーズの香りとトマトの酸味を感じる．続いてミドルにトマトの甘味と，合びき肉の濃厚な旨味が一体化したソースの味，そしてしっかり煮込まれたトマトソースの香りを感じる．そしてラストにスパゲッティーの小麦のしっかりした旨味を感じた後，牛肉のこく味が後を引く」といった表現となります．

　味の時間経過ごとの出現パターンは図表3.24のように簡単な図で説明することができます．図表3.24①のように，最初に風味が強く出てくる場合は，「インパクトの強い風味」「パンチのある風味」，②のようにいつまでも口に風味がのこる場合は「後味が良い」「後引きがある」，③のように全体的に風味が弱い

図表 3.24　時間経過による風味の発現パターン例

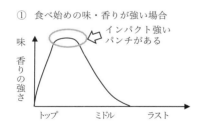

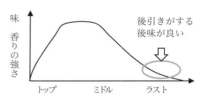
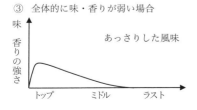
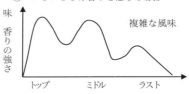

場合は「あっさりした風味」，④のようにいろいろな風味が次々に出てくる場合は「複雑な風味」といった表現になります．このように，いろいろな風味の表現は，時間経過による風味の発現チャートで説明することができます．

3.5　3要素以外の物性

「味」「香り」「食感」の風味の3要素だけでなく，「温度」「色・外観」「音」も，風味の感じ方やおいしさに影響を与えることがあります．

3.5.1　温度

　食品の温度が味に影響を与えるのは，味物質に対する舌の味覚受容体の感度が，温度によって異なるためといわれています．一般に，味は体温に近い30～40℃が最も感じやすいといわれていますが，細かく見ると，酸味や塩味は，味の感じ方の温度による影響が少ないのに対して，甘味，旨味は，低温や高温では常温より味の感じ方が弱くなるといわれています．冷えたときに，ちょうど良い味のジュースが，常温になると甘く感じるのは温度による影響です．冷めた味噌汁の塩味が強く感じられ，おいしくないのは，温かい状態で旨味と塩味のちょうどよいバランスが，温度が下がることで，旨味の感じ方だけが弱くなるからと言われています．一方香りは，食品の温度が高くなると強く感じます．温度が高くなると香りが気化しやすくなるためです．

　白ワインは冷やして飲み，赤ワインは常温で飲むのがお薦めと言われています．これは，比較的甘い白ワインは，甘さを抑えてすっきりとした味わいを楽しむために冷やして，赤ワインは，香りを立たせて複雑な香りを楽しむために，常温が良いのです．

3.5.2　色，外観，音，匂い

　視覚から入る色や外観，聴覚からの音，外から鼻に入る匂いは，感覚受容体で感じる風味に，直接的に影響を及ぼすわけではありません．しかし，これらが脳の眼窩前頭皮質で個人の持つ記憶情報と統合された時，おいしさの最終判断に影響を与える場合があります．

　例えば，グレープ香料＋砂糖＋酸味料の飲料を紫色に着色すれば，グレープ味の清涼飲料として認識されますが，この飲料に黄色や緑色を付けた場合，グ

レープ味として認識されない場合があります．これは紫色がグレープの味と結び付けられて記憶されており，記憶と異なった味と色の組合わせに違和感を感じるためです．美しく盛り付けられた料理も，乱雑に盛り付けた料理も，口中で咀嚼してしまえば同じ味のはずです．しかし，乱雑に盛り付けられた料理がおいしく感じないのは，やはり視覚から入った盛り付け情報を脳が判断しているためです．

ジュージュー焼ける肉は，それだけでおいしさを感じさせます．肉の焼ける音は，味覚受容体を直接刺激するわけではありませんが，食事の期待感を高揚させて，眼窩前頭皮質でのおいしさの総合判断に影響すると考えられます．

食品の香りで重要なのは，口中で咀嚼されて発現するレトロネーザル香（図表2.7参照）と述べましたが，鼻から入ってくる匂い，すなわちオルソネーザル香もおいしさに全く影響がないわけではありません．カレー屋や焼き鳥屋から流れてくる香ばしい匂いは，食欲をそそりますし，悪臭の漂っている場所で食事をした場合，どんな食事もおいしく感じることができません．

このように色や外観，音，匂いは，情報として脳に入り，眼窩前頭皮質のおいしさ判断に間接的に影響を及ぼすと考えられます．

3.6 情報

これまで述べてきた「味」「香り」「食感」，そして「色」「外観」「音」「匂い」は，食品そのものが物理化学的に持っている性質です．おいしさを決めているのは，このような食品自体が持つ性質だけではありません．それは情報です．情報がおいしさに与える影響は，生理学や脳科学で十分証明されているわけではありません．しかし，現実には「情報」が人間の感じるおいしさをアップさせ，お客様の満足につながっているのは事実です．科学の視点だけでおいしさを考えると，「情報によるおいしさは，一種のごまかしではないか？」ということになりかねませんが，「商品はお客様を満足させるもの」というマーケティングの視点に立てば，情報によるおいしさも，おいしさの要因の一つと，とらえるべきでしょう．

食品の持つおいしさ情報要因の分類を示したのが図表3.25です．食品が持つ素材の産地やこだわりなどを，お客様に直接伝える情報が「直接情報」です．「間接情報」とは，食品の持つ特性が外部環境，すなわちマスコミや噂，社会

図表 3.25 情報のおいしさの分類

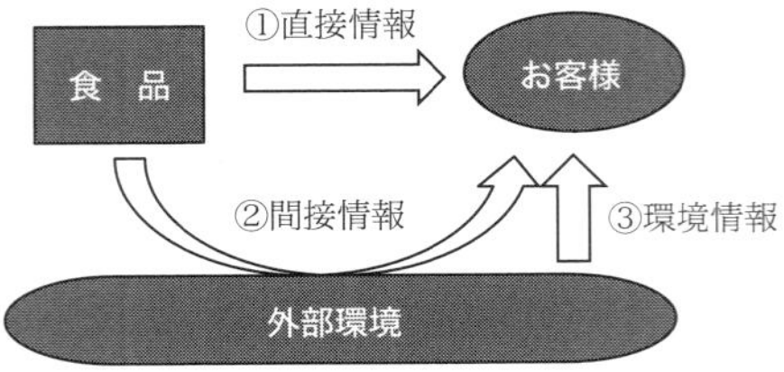

文化を通じて入ってくる情報です．直接情報が，外部環境を経由して伝わることでも，おいしさに与える影響が強化されます．さらに，食品自体とは関係なく，外部環境自体が持っている「環境情報」もあります．

3.6.1 直接情報

直接情報は，その食品自体が持っている情報です．情報によりおいしそうな感じが増すことを「おいしさ感」と呼びます．具体例を図 3.26 に示しました．

「素材情報」は，食品を構成している素材の産地や製法に関する情報です．「国産」「○○村産」と言われると，その食品自体の風味がわからなくても，おいしいような気がすることがあります．産地の情報は「国産」よりも「群馬県産」が，さらに「嬬恋村産」として産地を狭く限定した方が，よりおいしさ感が増す傾

図 3.26 直接情報の具体例

分　類		具体例（○○だからおいしい）
素材情報	産地	国産，○○村産
	素材の起源，製法	天然，有機栽培
製法情報	手間をかけている	こだわり
	歴史がある	秘伝，200 年続く
安心情報	皆と同じ	有名企業が作っている
	姿が見える	生産者の顔が見える，自家製
	不安要素の排除	無添加，無農薬
限定情報	時間	旬，年間イベント（例：土用うなぎ）
	産地	ここでしか手に入らない
他素材との関係情報	料理法	おいしそうなレシピ
	組み合わせ	マッチング，○○と合わせるとおいしい
価格情報	高い	値段が高い

向にあります．さらに「嬬恋村○○農場産」「生産者は△△さん」とした方が，「作り手が見える」ため，よりおいしさ感が高まります．また，「天然」や「有機栽培」も素材情報です．天然や有機栽培が，養殖や農薬を使用した栽培品よりも絶対においしいとは言い切れません．しかし，それがわかっていても，この言葉を使った方がおいしそうに感じます．

「製法情報」は食品の作り手のこだわりや歴史のことです．「一週間かけて仕込んだラーメンスープ」や，「開業時から50年間，継ぎ足して使っている秘伝のたれ」など，普通の製法よりも人の手間がかかっていることがイメージできると，おいしさ感はアップします．

「安心情報」もおいしさの要素になることがあります．例えば，有名メーカーの商品というだけで，安心感があるため，おいしく感じることがあります．逆に大手企業の作ったものに対する漠然とした不安も存在するため，「作り手が見える」もの，極端に言えば自分で栽培した野菜が一番おいしいと感じる場合もあります．このように安心情報は，食べ手の考え方・思想により左右されることもあります．

「限定情報」もおいしさ感を上げる要素です．この時期しか食べられないとか，ここでしか食べられないというように，時間や場所を限定されると，それだけでおいしさ感が上がる場合があります．

「他の素材との関係情報」は，その素材を使ったレシピや，他の食材との組み合わせ，すなわちマッチングに関する情報です．特に，野菜や肉，魚などの素材は，料理などに使った場合，どのように素材のおいしさが生きるのか，というレシピ情報を伝えることで，素材の魅力がより強く伝わります．マッチングは，単に「白ワインは魚料理に合う」という食べ合わせを伝えるだけでなく，素材同士の組み合わせにより，「単独では味わえない新しいおいしさが生まれる」ときに使う方法です．

「価格情報」もおいしさに影響を与えます．高いお金を出して買った高級国産肉や，高級レストランの食事はおいしいと感じます．これは「高いお金を出したので，おいしいと感じたい」，だから「おいしい」という心理が働いているからかもしれません．

3.6.2 間接情報

間接情報は図表3.27に示す，様々な媒体を経由して入ってくる情報です．

媒体を経由することで，その価値が高くなることがあります．媒体としてはまず「マスメディア」があります．マスメディアからの情報はかつてテレビCMが中心でしたが，最近はグルメ番組等の食レポや雑誌からの情報も重要です．これらの情報はお客様に「おいしいかもしれない」「行ってみたい」という感覚を持たせることができます．また，自分の知り合い，信頼できる人から得た情報，いわゆる口コミの方が，マスメディア情報よりも，より高い信頼性を与えることができるともいわれています．最近ではSNSからの情報も重要になってきています．

図表 3.27 間接情報の具体例

情報が入ってくる媒体	具体例（○○だからおいしい）
マスメディア	**CM**，番組食レポ，雑誌
口コミ	知り合いがおいしいといった，**SNS**
権威	ミシュラン，格付け，比較サイト，**SNS**
集団心理	行列，話題になっている
ブランド	有名シェフ，パティシエ，老舗

　おいしいという感覚に直結しやすいのが，権威からの情報です．ボルドーワインの1級から5級までの格付けは19世紀中頃のナポレオン3世の時代に決められたものですが，現在でもボルドーワインのおいしさの評価に大きな影響を与えており，高い格付けというだけで，自動的に「おいしい」と感じる傾向にあります．ミシュランの星も同様です．星のついた店の料理を食べた場合，自分の舌の感覚よりも「この味がおいしいとミシュランが認めたものだからおいしいはず」という心理が優先されることもあります．

　「ブランド」も一種の権威です．ブランドというのは，具体的に誰かが権威付けしているわけではなく，社会全体が，これはいいものに違いないと認識している概念です．例えば，「テレビによく出てくる有名シェフの料理はおいしいに違いない」，という場合です．「行列ができているならおいしいに違いない」というのも同様です．

3.6.3　環境情報

　環境情報とは，食品を食べている場の環境から入ってくる情報です．具体例を図表3.28に示しました．

図表 3.28 環境情報の具体例

分類		具体例（○○だからおいしい）
食べる環境	自然環境	キャンプ場，高級レストラン
	人的環境	家族と食べる，気の合う仲間で食べる
食文化	社会ごとの違い	社会全体の習慣

「簡単な料理でも，キャンプ場で食べるとおいしい」「カラッと晴れた日，屋外で飲むビールは最高」，というのは，自然環境によるおいしさです．また「初めてのデートで食べた，コンビニのおにぎりの味が忘れられない」というのは，人的環境によるおいしさです．

食文化も一種の環境情報です．地域の食習慣や歴史背景が，おいしさの感覚に影響を与えます．刺身がまだ世界的に知られていなかった時代，日本人以外の多くの国の人は，生魚をそのまま食べる刺身を，決しておいしいとは思わなかったでしょう．50年ほど前までの日本では，ワインといえば赤玉ポートワインという，砂糖を加えた甘いワインがポピュラーで，「本場の無糖の赤ワインは渋くて飲みづらい」というのが一般の感覚でした．砂糖を加えないワインとして，最初にポピュラーになったのは白ワインです．1970年ごろから，香りがよく甘味があるドイツワインがブームになりました．その後，ボジョレーヌーボーのブームで軽い赤ワインが親しまれ始め，ボルドータイプの複雑な風味の価値がごく一般的に認められ始めたのは，1990年代からではないかと思います．1970年ごろ，タンニンの渋味の強いボルドーワインが好きなどといったら「フランスかぶれの嫌味な奴」と，言われたかもしれません．このようにおいしさの感覚は食文化の変化によって変わるものです．これらは，科学や生理学では決して説明できないでしょう．

3.7 記憶

同じものを食べ，同じ情報を入手したとしても，おいしさの感じ方は個人個人によって違います．これは味の感度（味覚受容体の感度）の個人差もありますが，個人ごとの記憶の違いによるところが大きいと考えます．

第2章で述べたように，人間が眼窩前頭皮質でおいしさを決める場合は，常に記憶として脳に保管された情報を比較参照して判断しています．この判断の

図表 3.29 おいしさに影響を及ぼす記憶の分類

分　類	
食経験記憶による影響	種類の食経験記憶
	強さの食経験記憶
経験とタイミングの影響	新しさへの感動
	食べ飽き現象
過去の食経験に対する懐かしさ	

時，図表 3.29 に分類した各種の影響を大きく受けています．まず重要なのは，個人ごとの食経験記憶の影響です．食経験の全くない乳児は，苦味，酸味，渋味に対し反射的に拒否します．しかし成長していろいろな食経験を積むことによって，苦味や酸味をおいしいと感じるようになります．最近パクチーがブームになっていますが，最初からパクチーがおいしいと思った日本人はほとんどいないのではないでしょうか？．このように経験を積むことによって得られるおいしさは，味と香りの「種類の食経験記憶」に大きく影響を受けています．食経験記憶の影響で，もうひとつ重要なのは「強さの食経験記憶」です．ビールを初めて飲んで苦みがおいしいと思った人は，ほとんどいないはずですが，我慢して飲んでいるうちに，ビールは苦いからおいしいと思うようになります．これは苦味の強さの食経験により，だんだん強い苦味の物を，おいしく感じるようになるという現象です．おいしさという情動は，海馬に一時的に記憶され，最終的に大脳皮質連合野に記憶され定着します．経験を積んで，記憶が増えれば増えるほど，様々な「味・香りの種類」や「味・香りの強さ」に対して，おいしいと感じるものが増えてくるのが一般的です．

　記憶がおいしさに影響を与えるもう一つの現象に，「経験とタイミング」があります．素晴らしい料理を食べて「感動するくらいおいしい」と感じたとしても，しばらくして，全く同じ料理を再び食べた際，「おいしいけど感動まではしない」ということがあります．これは人の感情が「新しいものには感動するが，2回目以降は感動が弱まる」という特性があるからです．最高においしい料理も毎日食べ続けると，「飽きる」という現象も起きます．このように，食経験がかえって「飽き」という情動を引き起こすこともあり，記憶の影響は複雑です．

　一方，シンプルな料理でも，子供の頃に食べていた味を久しぶりに食べると「懐かしい」という感情が起きて，とてもおいしく感じることもあります．いわゆるおふくろの味です．自分が元気な時は，新奇性のある味をおいしく感じるが，精神的に弱っているときは，昔から馴染んだ味をおいしいと感じることがあるかもしれません．以上のように，最終的なおいしさ判断は，記憶にも大きく影響を受けます．

第4章　おいしさを表現する言葉

　これまで説明してきた，おいしさが発生する仕組みと，物質や情報などのおいしさを構成する要素を踏まえたうえで，本章では単語や文章などの言葉によりおいしさを見える化するための表現法を説明します．

　ソムリエの田崎真也氏は著書「言葉にして伝える技術」で以下のように述べています．

　「おいしい肉料理を食べたときに，『やわらかくて，おいしい』という表現が常套句になっているのではないでしょうか．しかしながら，この『やわらかくて』には，触感による感覚のことしか表現されていません．嗅覚や味覚―つまり，香りや味がどうなのかがまったくわかりませんから，相当に不十分な表現と考えていいでしょう．しかし，だれも不思議だと思わずに今も頻繁に使われており，すんなり受け入れられている表現なのです．」

（田崎真也「言葉にして伝える技術」祥伝社 p6, 2010 年より）．

　田崎氏はこの著書で，世の中で使われている風味表現に対して，多くの問題

図表4.1　田崎氏が問題提起する風味表現

問題提起した表現	問題点
クセがなくておいしい	いずれも味が弱いことを意味しており，おいしさを積極的に表現していない
食べやすい	
飲みやすい	
肉汁がじゅわっと広がる	食感や製法は，おいしさではない
バターをぜいたくに使った	
厳選された素材を使っている	素材やこだわりが，味にどのような影響を与えているのか因果関係が不明確
地元の素材を使っている	
国産の素材を使っている	
オーガニックの素材	
秘伝のたれを使っているので	
手作りだから	
昔ながらの製法にこだわるから	

提起をしています．図表 4.1 に，田崎氏が問題提起した表現をまとめました．いずれもメディアや商品紹介で，よくみられる表現ばかりです．田崎氏が問題提起されている，「味，香り，食感の特徴を具体的に説明しなければ，おいしさは表現できない．このような表現が世の中の主流となっているのは問題」という考え方に本書は強く共感する視点をとっています．

しかし，ほとんどの食品ビジネスに携わっている人はソムリエではありません．しかも，多くの食品では「味や香りを伝える表現法」がワインほど確立していませんので，図表 4.1 のような表現を禁止されてしまうと，言葉に困ってしまいます．そこで本章では田崎氏の視点を持ちながら，「できるだけ多くの食品に通用する，標準的なおいしさの表現法」を提案します．

ところで，食品の業界には，すばらしい言葉でおいしさ表現をされる方が何人もいらっしゃいます．その一人が，1994 年から日本経済新聞に「食あれば楽あり」を連載されている小泉武夫東京農業大学名誉教授です．この連載の中で，小泉教授が沖縄の豚の角煮の「らふてー」を紹介するエッセイの全文を図表 4.2 に示しました．この文章のうち，後半の下線部分が，おいしさを言葉で表現している風味表現の部分です．

図表 4.2 おいしさの表現（例）

　琉球の名酒・泡盛の肴として，最も好きなものを一品挙げろ，と言われたならば，吾輩は躊躇なく「らふてー」を推挙するだろう．とにかく，この一品は泡盛に実によく合う．

　沖縄県には年に五，六回行くのであるが，なかでも経済観光の大使に任命されてている石垣島にはかなり頻繁に行っている．そして，うれしい仲間たちと居酒屋に行くと，この「らふてー」は必ず取って，それを肴にチビリ，チビリと古酒を飲むのが常である．

　先日は，八十八歳を超してもまだまだ元気なおばあのところで，昔ながらの「らふてー」の作り方を見せてもらった．「らふてー」とは豚肉の角煮のことである．まず三枚肉の塊を丸ごと茹であげる．箸がすっと通るぐらいになったら，大きめに切って鍋に入れ，茹で汁を加え，さらに泡盛と黒糖を入れて火にかけ，三日がかりでゆっくりと炊くのであった．醤油は仕上がりの前に入れていた．皮が透明となり，箸でちぎれるぐらいになったら出来上がりである．

　その出来上がった「らふてー」を切り分けて，皿に出された．なんともその美しいことか．全体がやや濃いキツネ色で，しかし透明な琥珀色をも思わせ，

第 4 章　おいしさを表現する言葉　　　　　　　　61

表面はテカテカと光沢があって眩しいほどである．指先でちょっと押してみると，プヨンプヨンとしていて，特に表面の脂肪層とゼラチン質とコラーゲン質の合わさったところは，ブヨブヨとしていた．匂いを嗅いでみると，島豚といわれる黒豚肉から出る甘い匂いと，黒糖からの焦げかけたような香ばしい甘い匂い，そして泡盛の古酒と黒糖とが絡み合ってできた熟成香などがまとわり会って，とても素晴らしい香りがした．箸でとると，ホクリッとちぎれるように柔らかくなっていて，その部分を口に持って行って食べると，まずトロリとした滑らかな甘味とコクみが口中に広がる．そして，さらに噛んでいくと，正肉部からは濃厚なうま汁がチュルリチュルリと湧き出してきて，そこに脂肪やゼラチン質からのコクのある味，黒糖からの甘味などが加わって，ああ，美味いわよ，いいわよってなことに相成るのであった．ここで，すかさず古酒を盃に注いで，それを静かにコピリンコと喉の奥に流し込んでやる．すると今度は，口の中はそれまでの甘く耽美な感覚から一転して，泡盛古酒のトロリとした辛さが広がって，次第に気が遠くなるような夢見心地となった．そしてまた，角煮を口にして，古酒をコピリンコ．だから沖縄はやめられない．

「小泉武夫の料理道楽 食い道楽」 日本経済新聞出版社，P25　2008 年

図表 4.3　おいしさ表現の分析

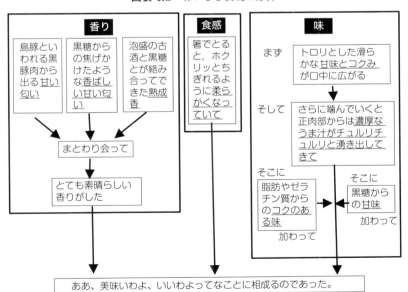

この下線部分のおいしさ表現の構成を分析したのが，図表 4.3 です．この文

章のおいしさ表現には，風味の 3 要素の「香り」「食感」「味」がバランスよく含まれているのがわかります．香りは「豚肉からの甘い香り」「黒糖からの香ばしい甘い香り」「泡盛と黒糖の熟成香」が並列に述べられています．食感は，「ホクリッとちぎれるように柔らかくなって」と表現されています．そして味については，「たれの甘味とこく」「うま汁の湧き出し」「ゼラチンのこく」「黒糖の甘味」が，味を感じる時系列の順に記載されており，素晴らしい文章だと思います．

さて，私たちがこのような表現力を手に入れるのは不可能でしょうか？．小泉教授は 100 冊以上の本を出版されている，食のエッセイ業界のカリスマなので，同じレベルまで到達するのは無理かもしれません．しかし，卓越したおいしさの表現も，図表 4.3 のように分析してみると，表現に一定の原則がありそうだということがわかります．本章では，いくつかの優れた文章を分析し，これをもとに，どんな食品にも通用する，おいしさの表現の原則の提示を試みました．

4.1　おいしさ表現の共通原則

「ワイン」「コーヒー」「日本酒」といった特定の食品カテゴリーでは，そのカテゴリー内でのおいしさ表現の原則が，かなり整理されています．例えばワインでは，「ブドウを原料とし，10～15％のアルコールを含む液体食品」という，比較的シンプルな素材系の中での表現原則です．これに対して本書では，液体食品や固体食品，野菜・肉のような素材，複数の素材の組み合わせの料理やデザートまで含めた，すべての食品に関するおいしさ表現の共通原則の提案を試みます．

本章ではまず，巻末に示した参考文献などから抽出した，約 660 語のおいしさに関する単語を，第 3 章で述べた，おいしさの構成要素の整理（図表 3.1）にしたがって分類します．そして，その分類ごとの各単語の特徴，使い方を具体的に説明していきます．単語は，巻末（p157）に「おいしさの単語辞典」として一覧表を載せましたので，おいしさを表現する際に辞書として使ってください．続いて，これらの単語を具体的に，どのような使い方をして文章にすれば，小泉教授のような表現に近づけるか，すなわちおいしさの表現の文法を説明します．なお，本章で説明するのはあくまで「おいしさの表現」なので，基本的にすべてポジティブ（肯定的）な表現のみを取り扱います．

4.2 おいしさ表現の単語

本書では,おいしさ表現の単語を図表 4.4 に示した.「おいしさ風味語」「おいしさ修飾語」「おいしさ称賛語」「おいしさ情報語」の4つに分類します.

図表 4.4 おいしさ単語の分類

直接表現	おいしさ風味語	味	甘い,苦い
		香り	フルーツ,アーモンド
		食感	やわらかい,パリパリ
		総合	こくがある,フレッシュ感
		その他の感覚	あつあつ,刺激的
	おいしさ修飾語	風味自体の良さ	ほどよい,豊かな
		強弱の良さ	濃厚な,あっさりした
		種類の良さ	凝った,シンプルな
		バランスの良さ	調和した,上品な
		相互関係の良さ	相性が良い,コントラスト
		時間軸の変化の良さ	ガツンと来る,後味が良い
		記憶と関連した良さ	なつかしい,自然な
	おいしさ称賛語	おいしさ表現の結論	絶品,リッチな
情報表現	おいしさ情報語	外観・色	ふっくらした,色鮮やかな
		素材	旬の,産地限定
		製法	こだわりの,自家製
		状態	たべごろ,具だくさんの

「おいしさ風味語」は,人間が口中の感覚器官で感じる,おいしさを示す言葉です.味,香りのように化学物質起因のおいしさや,食感のような食品の物理的構造に起因するおいしさを表現します.

「おいしさ修飾語」は,おいしさ風味語の特徴・魅力を詳しく表現するための言葉です.単に「甘い」ではなく「豊かな甘味」,「苦い」ではなく「ガツンと来る苦味」と表現することで,よりその風味語の特徴を正確に表現し,魅力が伝わりやすくなります.おいしさ修飾語の表現は,口中ではなく脳で発生します.脳が記憶している過去の食経験の感覚を使って,おいしさ風味語を修飾する言葉として表現するのです.例えば「豊かな甘味」という表現は,過去に経験した,いろいろなタイプの甘味と比較して「豊かな味がする」と脳が判断

した結果です．おいしさ修飾語は，おいしさ風味語を詳しく表現する言葉ですから，食品の魅力を伝えるテクニックとして特に重要な表現方法です．

「おいしさ称賛語」は，おいしさ表現の結論です．例えば「このメロンは絶品だ」のように「絶品」というおいしさ称賛語を単独で使ったのでは，単に「このメロンはすごくおいしい」を言葉を変えて表現しているに過ぎず，意味がある文章とは言えません．「このメロンは，はちみつの様な香りと，コクのある甘さのバランスが良く絶品だ」というように，「おいしさ風味語」や「おいしさ修飾語」とセットで使うことで，「絶品」というおいしさ称賛語が生きてきます．

「おいしさ情報語」は，おいしさ風味語，おいしさ修飾語が，なぜ発生するのかという理由を説明するために使います．実は「おいしさ情報語」の多くは，図表4.1で田崎氏が問題提起した言い回しです．ただ，田崎氏は「おいしさ情報語」を「おいしさ風味語」や「おいしさ修飾語」を抜きに使うことを戒めているので，「おいしさ情報語」自体の使用を否定しているのではありません．

図表4.5に，おいしさ単語の4分類の相互関係を示しました．おいしさを説明する言葉の中心は，おいしさ表現の本体である「おいしさ風味語」とその用語の魅力を詳しく説明する「おいしさ修飾語」でなければなりません．「おいしさ称賛語」は結論として使います．おいしさ情報語は，「おいしさ修飾語＋おいしさ風味語＝おいしさ称賛語」の，背景・理由を説明するために使います．

図表4.5 おいしさ単語の4分類の関係

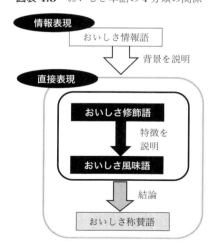

おいしさの見える化の最終的な目的は，競合品に対する差別化です．本章ではどのような単語を選んだら，差別化につながるかという視点も加えながら，おいしさに関する単語を一つ一つ説明します．なお，本書では，おいしさを直接的に表現する風味語，修飾語，称賛語を「直接表現」と呼び，情報語を「情報表現」とよびます．

【味覚センサー】

最近のセンサー技術の進歩は著しく，現在では味覚センサーと呼ばれる一つのセンサーで，甘味，塩味，酸味，苦味，旨味を同時に定量的に検知することができると言われています．しかし，このセンサーで検知できるのは，本書で示すおいしさ用語約660語のうち，31語の「味のおいしさ風味語」のみです．例えば，おいしさ風味語に修飾語を組み合わせた「豊かな甘味」「濃厚なこく」「バランスの取れた味」「ガツンと来る苦味」などは現段階では味覚センサーでは測定できません．味覚センサーは大変すばらしい機械ですが，人間の感覚と全く同じように測定できるようになるには，まだかなり時間がかかるでしょう．したがって，現段階では，人間が感じたおいしさを，まず言葉でできるだけ，正確に表現することが重要です．いずれは「すべてのおいしさ表現を，分析により数値化できる」時代が来るかもしれませんが，その前に，感じたおいしさを本章で示すような言葉で，キチンと表現できるようにしておくことが必要でしょう．言葉にできないものは，センサーで測ることもできません．

4.2.1 おいしさ風味語

おいしさ風味語は，口中で感じることができる「味」「香り」「食感」，すなわち風味の3要素を表現する単語です．

（ア）「味」の表現

「味」は，食品中の化学物質が口中で咀嚼されて水（唾液）に溶解し，舌や口中内の味覚受容体で感知される風味です．

味	7味	甘味	甘い	スイート	淡甘	
		塩味	塩味	しょっぱい		
		酸味	酸味	酸っぱい		
		苦味	苦い	苦み	ほろ苦い	
		旨味	旨み	極旨	うま口	
		辛味	辛い	激辛	さわやかな辛さ	ほてるような辛さ
			ピリッと	ピリ辛		
		渋味	渋みのある			
	油の味		脂ののった	脂っこい	クリーミー	
	えぐ味		あく味	あくが抜けた		
	清涼感		清涼感	スーッとする		
	味の組み合わせ		甘辛	甘酸っぱい	旨辛	甘い塩味

味を示す風味語は，7味に対応した言葉と，油の味，清涼感，えぐ味を示す言葉，およびそれらの組み合わせの味です．味覚物質の数は数十種類〜数百種

類程度なので，味を示すおいしさ風味語も，数自体は多くありません．しかし，それぞれに対しておいしさ修飾語を組み合わせると，無数の表現が出来上がります．

(イ)　「香り」の表現

本書では267語の「香りを示す風味語」を取り上げています．香り物質は数十万〜数百万種類あるといわれており，そのため香りを示す言葉はこのように多くなります．香りの単語は，必ず「○○のような香り」という具体的な食品の香りに例えて表現するため，極端に言えば食品の数だけ香りの言葉があるともいえます．「○○のような香り」と表現するためには，○○は誰でもわかる物の香りでなければなりませんが，「誰でも」というのは地域性や食文化に影響を受けます．「味噌のような香り」は日本人であれば誰でもわかりますが，欧米人には通用しません．一方で「トリュフの香り」は，50年ほど前の日本人はほとんど誰も理解できなかったでしょう．

香り	果実	フルーティー	果実様	熟した果実	新鮮な果物
		加熱した果実様			
		シトラス系の	レモン	グレープフルーツ	ライム
		オレンジ	オレンジの皮	ビターオレンジ	キンカン
		柑橘	ユズ	カボス	
		リンゴ	青リンゴ	黄リンゴ	洋ナシ
		モモ	白桃	黄桃	アプリコット
		イチジク	プルーン	カシス	カリン
		イチゴ	野イチゴ	ブドウ	マスカット
		あんず	ザクロ	ライチ	メロン
		レッドベリー	ブラックベリー	ラズベリー	ブルーベリー
		レッドチェリー	ブックチェリー	熟したベリー	黒い果実
		レッドカラント			
		トロピカルフルーツ	パイナップル	パッションフルーツ	マンゴー
		バナナ	グアバ	パパイア	
		ドライフルーツ	乾燥した果実	レーズン	干したナツメ
		コンポート	コンフィ	ジャム	梅干し
	花	花の香り様の	フローラル		
		梅	オレンジの花	スズラン	菊
		沈丁花	くちなし		
		ユリ	バラ	ジャスミン	ラベンダー
		きんもくせい	スミレ	野の花のような	

以降 p157 参照

本書で示した香り単語のリストは，ワイン，ウイスキー，コーヒーといった，欧米の食文化で作られたリストから多く引用しているため，例えばベリーの種類が多いなど，やや日本人には馴染みのない単語も含まれています．

ところで「サツマイモのような甘味」という表現がありますが，「甘味」は蔗糖やぶどう糖などが由来なので，サツマイモ独自の甘さというものは本来ありません．つまり「サツマイモの甘味」というのは，実際は「サツマイモのよ

4.2 おいしさ表現の単語

うな香りと一緒に感じる甘さ」ということなので，正確には「サツマイモの香り」と呼ぶべきでしょう．実際に食品の風味の特徴を決定づけているのは，味ではなく香りである場合が多くなっています．

風味を決定づけるうえで大変重要な香りですが，現実のおいしさ表現の際，香りの表現が使われることは，味や食感に比べると相対的に多くありません．逆に言えば，香りの表現をうまく使うことで「商品の表現にインパクトを付け，他の商品と差別化できる」可能性があることを示しています．

図表 4.6 に再掲する第 1 章で説明した吾助じゃがいものおいしさ表現例を使って，香り表現の特徴を説明します．

図表 4.6 おいしさの表現例（再掲）

噛んだ瞬間鼻腔に，昔ながらの土臭いじゃがいもの香りが強く広がる．
食感はまるで上質の羊羹のようにねっとりしていて，噛みしめると濃厚でこってりした甘味が口いっぱいに広がる．
そして後味に，ほのかにカシューナッツのような香りが残る．

この文章では香りを，「昔ながらの土臭いじゃがいもの香り」と「後味に，ほのかなカシューナッツの香りが残る」と表現していますが，いずれも通常はあまり使わない表現です．香りの表現は，別の素材に例える表現ですので，ここでは「じゃがいもという野菜」を「土」や「カシューナッツ」という，別の素材に例えていますが，やや違和感があるかもしれません．しかし，違和感があるということは，「他にないインパクトや差別性」を持っているとも言えます．このように別の素材に例える表現は，違和感を与えつつ表現にインパクトを持たせることもできるので，おいしさの見える化の中でも，特に差別化のために重要な表現です．

「ワインも 1970 年代頃は，おいしさを表現する言葉がまだそれほど多くなかった」ということはすでに述べましたが，その後増えた表現の多くは，香りの言葉でした．「黒コショウの香り」「スミレの花の香り」という表現は，過去数十年のどこかで，醸造家やワイン愛好家の方が言い出した結果，ワイン業界で定着して今では普通に使われる表現となりました．このように香りの表現は日々進化していくべきものだと考えます．

今，それほど香りの表現が多くない食品も，その中には様々な香りが隠れて

いるはずです．例えば，最近日本では，ビターチョコレートに「フローラル（花の香り）」「フルーティー（果実の香り）」という表現をする商品が出てきました．ビターチョコレートの香りとして，花やフルーツはこれまで想像できなかったかもしれません．しかし，「ビターチョコレートを食べて，フルーツや花の香りを感じる」ことで，お客様はチョコレートを食べたときの新しい喜び，価値を感じることができるのです．このように，食品に隠された香りを探し出し表現することで，その食品の価値の向上，差別化につながる可能性が大いにあるといってよいでしょう．

ただ，「香りを探し出す」といっても，じゃがいもからナッツの香りをイメージするのは容易ではないかもしれません．その際は，巻末の「おいしさ単語辞典の香りの項目」を見ながら，探してみてください．また，このリストはやや細かすぎるかもしれないので，最初は図表4.7のような簡易的な香りのリストを参考にしながら，表現を探しに行くのが良いでしょう．

図表4.7 簡易的な香りの表現リスト

果実の香り（フルーティー）	魚の香り（潮の香）
花の香り（フローラル）	乳製品の香り
野菜の香り	穀物っぽい香り
ハーブの香り	甘い香り
植物の香り（草の香り）	ナッツの香り
土の香り（大地の香り）	ローストした香り（香ばしい）
油の香り	スモークした香り（燻製）
肉の香り	発酵したような香り
コーヒー，チョコレートの香り	紅茶，緑茶，ウーロン茶の香り

（ウ）「食感」の表現

食感は，噛んだ時に歯で感じる「歯ごたえ」と，口腔内の皮膚粘膜で感じる「口当たり」に分けられます．

「歯ごたえ」には，「軽い」や「バリバリ」といった，砕く瞬間の強度を表す表現や，「もちもち」，「コシがある」といった，歯で噛んだ時に噛み切る前に跳ね返ってくる感じ，いわゆる弾力を示す表現があります．「シャキシャキ」といった，歯での切れやすさを表現する言葉もあります．砕く強度の違いとい

4.2 おいしさ表現の単語

食感	（噛んだ時の感覚）歯ごたえ	弱い歯ごたえ	やわらか	もろい	ほろほろ	歯がすっと通る
		軽い歯ごたえ	軽い	カリカリ	カリッと	
			サクサク	さくっ	さっくりした	
			パリパリ	パリッと	シャリシャリ	コリコリ
		強い歯ごたえ	歯ごたえのある	歯ごたえがよい		
			バリバリ	バリッ	ザクザク	ガリガリ
			ゴリゴリ			
		弾力	弾力がある	ぷりぷり	コシがある	シコシコ
			ムチムチ	モチモチした	もっちり	
		歯切れ	歯切れがよい	シャキシャキ	シャキッと	プチプチ
		新しさ	新食感			
	（口腔内の感覚）口当たり	粘性	ねっとり			
			ねばねば	ねばりつく	ねちねち	ぬめっとした
			とろりとした	とろとろ	とろーり	とろっ
			さらりとした	さらさらした	さらっとした	
		触覚	口当たりの良い	舌触りの良い	なめらかな	きめ細かい
			ふわふわ	ふわっと	ふんわり	ふわとろ
			ほくほく	ふるふる	くにゅっ	
			しっとり			
		動き	喉ごしがよい	するりと		
			口どけがよい	とろけるような	舌もとろける	
			つるつる	つるっと	つるん	ちゅるちゅる
			じわっと口に広がる	じゅわっ	じわりと	
			しゅわしゅわ			

う観点から，「ザクザク」よりも「サクサク」の方がより砕けやすいといった，微妙な使い分けもできます．

一方，「口当たり」は，「ねばねば」「さらさら」といった，粘度を表す表現や，「ふわふわ」「ほくほく」といった口中の触覚を表す表現，「のど越しが良い」「じゅわっと広がる」といった，口の中での動きを表す表現など，多彩な表現があります．

日本語は他の言語に比べて，食感に関する言葉が多いといわれています．特にオノマトペといわれる「サクサク」「カリカリ」「ふわふわ」「とろーり」のような表現が他言語より多いようです．

食感表現はおいしさ表現の中でも，味に次いでよく使われます．「やわらかくておいしい！」「わーサクサク〜」「肉汁がじゅわっと口に広がりますね」などという表現は，食レポでもよく耳にする表現でしょう．また，オノマトペであることから，お客様にとって直観的な理解が得やすいため，「ふわとろ親子丼」「シャキシャキレタスサンド」のように，商品ネーミングに使われることも多くなります．

（エ）味と香り，食感の統合

味と香りが統合したおいしさ風味語として，「こく味」と「フレッシュ感」が良く使われます．こく味は第3章で述べたように「旨味」「甘味」「油の味」や，場合によっては「苦味」や「だしの香り」「ローストの香り」，さらに「と

味・香り・食感の総合	こく味	コクのある	コク深い	コク旨	
		こってり	こっくり		
	フレッシュ感	活きがよい	生き生き	生っぽい	新鮮な
		ジューシー	みずみずしい	爽快な	
		フレッシュ	新鮮な	さわやかな	清新

ろみ」などの食感まで組み合わさった複合的な感覚です．同様に，「活きが良い」「ジューシー」「フレッシュ感」といった新鮮さを表す表現も，味や香り，場合によっては食感も加わった複合的な味です．

（オ） その他の感覚

それ以外のおいしさ風味語として，触覚による刺激や温度を表す言葉があります．

その他の感覚	刺激	刺激的な	後頭部に抜けて行く	ツーンと来る	ツンとした
		スースー	ひんやり	キーン	
		あつあつ	舌がひりひり		

4.2.2 おいしさ修飾語

おいしさ風味語の特徴を説明するのが，おいしさ修飾語です．「レモンの香り」「サクサクの食感」といったおいしさ風味語は，単独でおいしさを表現しますが，おいしさ修飾語は「レモンの香りがどのようにおいしいのか」を説明します．世の中には，レモンの香りの商品や，サクサクの食感の商品はあふれています．したがって，その商品が他のレモン味の商品，サクサク食感の商品とどのように違っているからおいしいのかを説明しなければ，本当の魅力は伝わりません．おいしさ修飾語の使い方は，魅力あるおいしさを差別化して表現する，最も重要なポイントの一つです．

おいしさ風味語は基本的に，口中の感覚器官が感じる味です．これに対しておいしさ修飾語はすべて脳が感じるおいしさです．例えば「やさしいレモン味」という表現は，過去に経験した強烈なレモンの味と比べて，「やさしい」ということを脳が判断した結果です．「甘さと酸味のバランスが良い」は，甘味と酸味の味を，脳がバランス良いと判断したからこそ表現できる味です．本書ではおいしさ修飾語を，脳が判断するそれぞれの魅力に対応して（ア）「風味自体の良さ」，（イ）「強弱の良さ」，（ウ）「種類の良さ」，（エ）「バランスの良さ」，（オ）「相互関係の良さ」，（カ）「時間軸の変化の良さ」，（キ）「記憶と関連した良さ」の，7つに分類して説明していきます．

なお，一つの食品の中には，例えば「甘味，旨味，レモンの香り，サクサク食感」など複数の風味要素があります．これらの風味要素を，おいしさ修飾語はいろいろなパターンで修飾します．本節ではこの修飾のパターンを図表4.8のように示します．図の左から右の矢印は，食品を口に入れてからの時間経過を示します．A, B, C, D, E は，食品中の風味要素を示します．図表4.8の左の図は，複数ある風味要素のうち一つだけを修飾するパターンです．左から2番目の図は，食品中の風味要素全体を修飾するパターン，左から3番目の図は，一つの風味要素と全体を同時に修飾するパターン，一番右の図は一つの修飾語が2つ以上の風味を修飾するパターンです．

図表 4.8 おいしさ修飾語が修飾するパターンのいろいろ

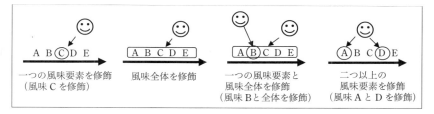

（ア） 風味自体の良さ

食品中の一つの風味要素の良さを，表現する修飾語です．

風味自体	良さの説明	快い 豊かな香り 鼻腔をくすぐる	風味豊かな 芳香 舌に絡みつく	ほどよい 香ばしい	適度な

「心地良いサクサク感」「レモンの風味が豊かな」といった使い方です．「舌に絡みつくような旨味」とか「レモンの香りが鼻腔をくすぐる」といった動きのある表現もあります．「風味自体の良さ」タイプの修飾語は，いくつかある風味要素の中で，最も特徴の良さを強調したい要素に対して使います．この修飾語を，一つの文章の中であまり多用するのは望ましくありません．また，具体的に何が良いのかを表現しているわけではないので，それほどインパクトは強くありません．

（イ）　強弱の良さ

風味要素，または風味全体の，「強さの良さ」「弱さの良さ」を表現する修飾語です．味や香りが「強くて良い」「弱くて良い」というときに使います．

一つの風味要素と風味全体を修飾

強弱	強くて良い	濃厚	重厚な	濃密な	
		豊穣	豊か	ふくよか	ふくらみがある
		味が濃い	香り高い	むせるような	贅沢な
		強烈	鮮烈な	はっきりした	しっかりした
		力強い	ダイナミックな	どっしりとした	清新
	弱くて良い	かすかな	薄味	淡い	淡泊な
		さっぱりした	すっきりした	淡泊	透明度の高い
		あっさり	マイルド	まろやか	さわやか
		やさしい	ソフトな	控えめ	
		軽い	軽やか	はかない	デリケート
		癖がない	嫌味のない	臭みがない	

「強くて良いこと」を表現する場合，味であれば「濃厚な」「豊かな」という表現を使います．また，香りであれば「香り高い」という表現を使います．ある特定の味が，強く前に出てきている場合は，「強烈な」「力強い」といった表現を使われ，全体的に味が強い場合は，「濃厚な」「芳醇な」といった表現となります．強くて良いという表現は，その素材や料理の中で，もっとも特徴があり，おいしさのキモとなる風味を表現する場合に使うのが普通ですが，あまり強さだけを強調すると，バランスが悪い風味のようにとられますので，単独の風味要素だけを強調する場合は注意します．例えば，「<u>濃厚な</u>海産物の香り」というストレートな表現よりも，「<u>濃厚な</u>潮の香り」という婉曲表現を使う方が良い場合もあります．

ところで，強い風味がおいしいかどうかというのは，人によって異なる主観的な感覚です．特に，苦味，酸味，辛味，渋味やパクチーの香りなどは，最初は嫌いでも食経験により徐々に好きになる風味です．このような風味を説明する際は，商品を紹介したい側の態度が重要です．すべてのお客様がおいしいと思うわけではないが，作り手自身がおいしいと思い，この風味をおいしさの差別化要素として相手に伝えたいのであれば，例えば「<u>強い苦味とむせかえるような</u>パクチーの香りが癖になるおいしさ」という表現を，自信をもって積極的に使うべきでしょう．

特定の風味が「弱いことが良い」ということを表現する場合,「かすかな」「すっきりとした」「優しい」といった表現を使います．「<u>すっきりした</u>ミントの香りが風味を引き締める」とか，「<u>軽やかな</u>土の香りが，じゃがいもの甘味を引

き立てる」というように,その弱い風味がどのような効果があるかということを,合わせて表現すると効果的です.

(ウ) 種類の良さ

一つの食品や,料理に含まれる風味要素の種類が多くて良い場合「複雑な風味で良い」,逆に少なくて良い場合「シンプルな風味で良い」と表現をします.

風味全体を修飾

種類	種類が多くて良い	複雑	凝った味	華麗な	贅沢な
	種類が少なくて良い	シンプルな	素朴な	純粋な	素直な

この表現は単独の風味要素の修飾ではなく,食品や料理の風味全体を修飾する表現です.例えばトマトサラダをイメージしてみましょう.甘味の少ないトマトに砂糖を振りかけなじませると,甘味が増えおいしさがアップします.そこに少量の塩を加えると甘さが引き立ちます.さらに酢と油を加えるとこく味が増します.次に胡椒を加えると,辛味と胡椒の香りが加わっておいしさがアップします.最後にみじん切りした玉ねぎを加えると,玉ねぎの辛味や刺激的な香りも加わります.このように,トマトに砂糖,塩,酢,油,胡椒,玉ねぎを加えることで,全体的なおいしさがアップし「複雑な風味」となり,「贅沢なおいしさ」という表現をすることもできます.

これに対して,もともと甘味や香りが強いトマトは,味を追加しなくても「シンプルなおいしさ」,「素朴なおいしさ」があると表現できます.

(エ) バランスの良さ

複数の風味要素で構成される食品や料理で,風味全体のバランスが良い場合,「調和した」「絶妙なバランス」といった表現をします.

風味全体を修飾

バランス	バランス自体の良さ	調和した コンビネーションがよい	ハーモニー 交響楽のような	バランスのよい	絶妙なバランス
	軽い風味でバランスが良い	エレガント 丸みのある 気品ある 芳醇な 風雅な きめ細かい	洗練された 角が取れた 上品な 淡麗 風情がある 薄絹の風合い	きれいな味 品の良い 滋味あふれる たおやか	雑味のない 格調高い 上質なお出汁のような
	重い風味でバランスが良い	ボリューム感 密度の濃い 深い	厚みのある味 凝縮した 深みがある	馥郁(ふくいく) ぎゅっとつまった 奥深い	広がりがあって 味に奥行きがある

前項で述べたトマトサラダで，玉ねぎのみじん切りが大きすぎたとします．その場合は噛んだ時，トマトの風味と玉ねぎの風味がばらばらに出てくるため，風味のバランスが悪くなります．

　逆にみじん切りが細かければ，トマトと玉ねぎの風味が一体感をもって感じられ，バランスの良い風味，調和した風味となります．

　また，通常では組み合わせない異種の風味の組み合わせで，新しいおいしさが出る場合も，「バランスが良い」と表現します．例えば「酸味のある完熟トマトソースと，豚骨スープの組み合わせが絶妙なバランスの濃厚トマトラーメン」といった場合です．

　バランスを表現する風味には，風味要素ごとのバランスの良さだけではなく，「軽くてバランスが良い」「重くてバランスが良い」という，風味の強弱の要素を加えた表現も使います．

　ここで，風味の「軽い」「重い」という表現について説明します．一般に「軽い風味の場合」は全体的にあっさりした風味を，「重い風味」は，全体的に濃厚な風味を指します．また，軽い，重いというのは，図表4.9に示す通り，口中の風味の発現のタイミングのニュアンスを含んでいます．軽い風味というのは，フルーツの香りのように食べ始めの比較的早い段階で感じる風味をいい，重い風味とは乳製品や穀物，味噌のように比較的遅い段階で感じる風味です．ただし，同じフルーツでも，バナナやピーチは軽く，ベリー系はやや重い香りという違いもあります．

　味についても，酸味は軽く感じるのに対し，甘味や旨味，苦味は重く感じます．これは，酸味が早い段階で味を感じて味の後残りがなく切れが良いのに対して，甘味，旨味，苦味はいつまでも口中で感じるため，味が重い傾向があるのです．

図表 4.9 軽い風味と重い風味

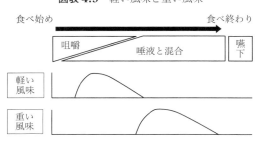

「軽くてバランスの良い風味」には,「上品な」,「洗練された」,「きれいな」といった表現があります.どんな風味が上品なのかは,国や地域ごとに異なる食文化にも影響されます.昆布としっかりカビ付けした高級かつお節の本枯節でとった合わせだしは,日本では上品な香りといわれています.一方,油分の比較的多いサバ節でとっただしは,旨味は強いものの上品とは言えません.中華スープも,鶏を煮立たせず静かに加熱しながらとったスープは,上湯とよばれ上品なスープになりますが,グラグラと煮立たせた鶏の旨味をしっかり出した濁ったスープは上品とは言えません.それぞれの風味にはそれぞれの良さがあるわけですが,軽いながらもしっかりとした風味があり,香りのバランスも良い風味を上品な風味,洗練された風味と表現します.

「重くてバランスの良い」の表現は,「厚みがある」「広がりがある」「深みがある」などです.「厚みがある」は,複数の異なった風味がバランスよく存在している場合に使います.赤ワインでは,タンニンの渋味,適度な酸味,糖類のこく,そしてベリー類やスパイスのような,比較的重い複数の香りを持つ,いわゆるフルボディの風味で全体のバランスが良い場合,風味に厚みがあるという表現を使います.塩では,精製塩に比べて,ミネラルの苦味が少し入った複雑な味の場合,より厚みがあると表現されます.このように「厚みがある」というのは「こく」に近い表現ともいえます.

「深みがある」は,醤油や黒糖のように,比較的重たい味や香りの場合に使われます.また「広がりがある」は,すこし軽い風味も含めて,多くの種類の香りを含んでいる時に使われる場合が多いようです.先ほどのトマトサラダで説明すれば,トマトに,砂糖や酢,胡椒を入れた時「深み」が出て,玉ねぎやパセリのみじん切りを加えた場合,「広がり」が出てくるというイメージです.いずれもシンプルなトマトに比べると,味に「厚み」が出てきます.「重い風味でバランスが良い味」の表現としては,これ以外にも,「風味に奥行きがある」,「ボリューム感がある」,「凝縮した」といった表現もあります.

また「丸みのある風味」という表現もありますが,これは何かの風味が突出しているわけではなく,角が取れてバランスの取れた風味をいいます.塩でいえば精製塩は「とがった味」,海水塩は「丸みのある味」といえるでしょう.前述のように海水塩に対しては,厚みがあるという表現も使えますが,特にとげとげした塩の刺激が少ないということを,より伝えたいときには「丸みがある」という表現を使います.

以上のようにバランスに関する風味表現は、いろいろなものがありますが、その意味を十分理解し、食品の特徴に合った使い方をすれば、風味の特徴の差別性を伝える有効な手段になります。

(オ) 相互関係の良さ

相互関係とは、二つ以上の風味の関係に注目した表現です。

二つ以上の風味要素を修飾

相互関係	相互関係の良さ	相性よい	ぴったり	取り合わせがよい	
		味がなじんでいる	味がのって	絡み合う	
	対比の良さ	コントラストがある	味が生きている	エッジのきいた	一味違う
		きりっとした	きりりと引き締まった	冴えた味	シャープな
		アクセント	あざやかな	香りが立っている	
	動詞で相互関係を説明	引きしめる	引き立てる	高める	
		包み込む	包み隠す	引き出す	散らばる
		なじむ	混ざる	溶け込む	混然一体となる
		秘める	潜む	息づく	羽ばたく
		兼ね備える	伴う	備わる	帯びる
		深い	深みがある	奥深い	味に奥行きがある

　単純に「相互関係の良さ」に注目した表現として、「相性が良い」「味が馴染んでいる」があります。「ナスは油と相性が良い」というような場合に使います。

　これに対して、2つの風味の対比に注目した表現が「コントラスト」で、一つの素材の中にある風味要素の比較だけでなく、異なった料理や、一つの料理の中の異なった素材の風味の対比に使う場合が多いようです。「和菓子の上品な甘さと、お抹茶の苦味のコントラストが素晴らしい」といった表現です。「パイ生地のサクサク食感と、クリームのとろとろ食感のコントラストが楽しい」といった食感のコントラスト表現もあります。

　「きりっと」という表現も風味の対比と関係して使います。「よく冷えた白ワインのきりっとした酸味」という場合、甘味と酸味の対比で酸味が立っていることを表現します。「とろとろに煮込んだ内臓肉のこくを、トマトの酸味がきりっと引き締める」という場合は、脂っこさや旨みに対して、酸味が全体の風味を引き締める効果を出していることを示します。

　同じ対比でも「アクセントになる」は、一方の強さを強調した表現です。「シュウマイのこってりとした肉汁に、柚子胡椒の辛味がアクセントになる」という言い回しです。「あざやかな」「香りが立っている」という表現も、他の風味要素に対して、特定の香りや味が際立っているおいしさを表現します。

　通常おいしさ表現は、形容詞で表現しますが、相互関係の表現では動詞表現

を使うこともあります．風味は本来静的な現象ですが，動詞を用いることにより風味要素が擬人化され，生き生きとした表現になります．例えば，「キリっと」のところで示した「酸味が脂っこさを<u>引き締めている</u>」の「引き締める」です．これはAという風味がBという風味に影響を与えて，全体の風味をおいしいものにするという表現です．「スパイスの味が，野趣あふれる肉の風味を引き立てる」という表現も同様です．「こってりとしたクリームソースがオマール海老の旨味を<u>包み込む</u>」という場合は，オマール海老の旨味にクリームソースが加わり，濃厚なこく味の相乗効果が上っているということを表現します．一方，「やさしい味のカスタードソースの中に，ほのかなビターオレンジの香りが<u>秘められている</u>」といった場合は，ビターオレンジが全体のおいしさの隠し味となっているという，こだわりを表現しています．このように動詞表現は，作り手の想いや気持ちを，さりげなくおいしさ表現の中で伝える効果があります．ただし，一つの文章で動詞表現を多用しすぎると，文章全体がくどくなってしまうので注意してください．

（カ）時間軸の変化の良さ

図表3.23，図表4.9で示したように，食品は口に入れたときから嚥下するまでの，時間経過の中で味や食感が変化します．この時間軸の変化の流れを味の特徴とする表現もあります．図表4.10に時間軸の表現の例を示しました．各図の左側が食べ始め，右側が食べ終わりです．「パンチがある」「ガツンとくる味」というのは，口に入れて咀嚼するとすぐに強い味が立ち上がってくる風味です．これに対して「じんわりと」「こみ上げてくる味」というのは，咀嚼している間に少しづつ出てくるタイプの風味です．「後を引く」風味とは，嚥下した後，いつまでも口の中に良い風味が残る表現です．逆に嚥下した後，口の中に風味が残らずすっきりするという場合は，「切れが良い」という表現を使います．ちなみに，嚥下した後に嫌な味が口の中に残る場合は，ネガティブ表現の「後味が悪い」という表現となります．有名な「コクがあるのに<u>切れがあ</u>

風味全体を修飾　A B C D E ☺

時間軸の変化	前後の流れ表現	パンチがある	ガツンと来る		
		じんわり	こみあげる		
		後を引く	あと味がよい	キレのある	
	対比の表現	立ち上がる	現れる	開く	
		はじける	散らばる	弾む	広がる

図表 4.10 時間軸のおいしさ表現

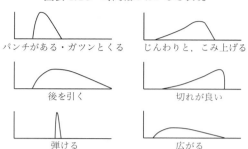

る」という表現は，ビールが口の中にある時は強いコクがありながら，飲み込んだ後は口中にビールの味が残らないという，時間軸を使った表現です．

これ以外にも，食べているうちに急に違った味が出てくる場合は，「バタークッキーに練り込まれた粒塩の弾ける味が心地良い」といった表現となり，食べ始めから食べ終わりまで心地良い味が続く場合は，「あん肝のねっとりした旨味が口の中で広がる」といった表現となります．

(キ) 記憶と関連した良さ

おいしさの中には，個人個人の記憶と直接的に関係したおいしさがあります．典型的な例が「おふくろの味」です．このタイプの味は本来であれば，他人と共有することは不可能ですが，食文化が同じ人間の場合，共有することができることがあります．ここでは多くの日本人同士の中で，共有することのできる記憶の味について説明します．

一つの風味要素と風味全体を修飾
A B C D E →

記憶との関連	具体的な風味	初夏のにおい	夏の香り	春の香り	冬の
		秋のにおい	ふるさとの香り	日本の味	
		田舎の味	田舎風	家庭の味	
	抽象的な風味	華やかな香り	さわやかな	すがすがしい	
		自然な	野趣あふれた	野性味	若い
		可憐な	官能的な		
	思い出	なつかしい	心にしみる味	郷愁のある	昔風の
		ほっとする味	ほっこりと	しみじみうまい	慣れ親しんだ
	新奇性	独特の香り	特有の	珍味	癖がある
		意表をつく	意外な味	おもしろい	思いがけない
		新しい	初めてのおいしさ	一風変わった味	奇妙な
		捨てがたい			
	食習慣	やみつき	クセになる	飽きがこない	
		食べ応えのある			
	特定の食品知識	辛口	甘口	ドライ	
		熟成	若い		

まず、「具体的な記憶に関係する風味」です。「春の風味」といえば、フキノトウや山菜、タケノコ、菜の花が、「夏の風味」といえば、冷やし中華やスイカなど、日本人ならではの季節の風味があります。「ふるさとの香り」「家庭の味」といった、場所に関連した記憶の風味もあります。

「抽象的な風味」は、日本人であれば共通にその風味のイメージを持っている表現です。例えばハーブや森林の香りは一般的に、「さわやかな香り」と認識されます。「自然な香り」、「官能的な香り」等も同様です。

「懐かしい味」「ほっととする味」などは、個人的な記憶と連動しながら、社会全体で共通している風味です。「炊き立てのごはんの香り」や「みそ汁の香り」などは、日本人なら共通で懐かしくほっとするはずだ、という前提に基づいて使われます。

一方で「独特の香り」「初めての香り」「癖がある」といった表現は、文章の作者だけでなく多くの人が記憶にない、つまり体験したことのない新規性のある風味であることを伝える表現です。

「やみつきになる味」「癖になる味」も、本来個人的な習慣と連動した風味のはずです。しかし、作り手の想いを伝えたい場合、「このバターの濃厚な風味は、一度食べたらやみつきになる味だ」と言い切った表現を積極的に使って、作り手がこだわり気に入っているポイントを強調することもできます。

日本酒の「甘口」「辛口」のように、業界独自の常識として広く知られている風味があります。これらの風味は、「この風味を辛口という、甘口という」ということを教わらなければ理解できません。学習記憶、知識による風味ともいうべき味でしょう。この種の業界常識的な風味表現の一部は、第5章の「おいしさのポジショニングマップ」(p121) で説明します。

ところで「バニラの香りは甘い香り」という表現があります。バニラの香り自体は、甘味とは本来関係がありません。しかし多くの人が、過去にバニラの香りのする甘い食品をたくさん食べた経験があることが前提になり、「甘い香り」という本来別の現象の味と香りが混在した表現になります。これも一種の記憶と関連した表現といえるでしょう。

4.2.3 おいしさ称賛語

おいしいということ自体を表現する言葉を、「おいしさ称賛語」と呼んでいます。「おいしい」「格別の味」「最高」「絶品」「たまらない」「快感」などがこの分類に相当します。

単純な良さ	おいしい	うまい	味がいい	美味
	味は…格別	なかなかよい	いい味をしている	
	こたえられない	なんともいえない	言いようのない	あごが落ちる
相対的な良さ	最高	とびきりの	すばらしい	優れた
	絶品	逸品	プレミアム	リッチな
快感	たまらない	感動的	快感	
	心地よい	快い	恍惚となる	陶然とさせる

　基本的においしさ称賛語だけで，おいしさを表現するのは望ましくありません．「カレーライスと日本人」などの著作で知られるフードジャーナリストの森枝卓士さんは，若いころ先輩からのアドバイスで「食べ物について書くときは『美味しい』とか『旨い』という言葉を絶対に使ってはいけない．」と言われ，「旨いとか，ついでにきれいだとか，面白いとか，かっこいい，などという言葉も使わないで表現できるようになってやるぞ」と心に誓ったそうです（森枝卓士「味覚の探究」）中央公論社，p11　1999年）．

　もちろん，私たちはおいしさの文章を作成する際，おいしさ称賛語の使用を一切禁止する必要などありません．ただ「この親子丼は，最高においしく，感動的に心地良い風味です」というような，実際はおいしさを何も説明していないような文章を作ってはいけません．これまで述べてきたおいしさ風味語，おいしさ修飾語で十分説明した後，最後の締めとしておいしさ称賛語を使って下さい．

4.2.4　おいしさ情報語

　「おいしさ情報語」は，なぜおいしいのか，なぜその風味が出てくるのかの理由や背景を説明するために使います．田崎真也氏が問題提起したように，おいしさ風味語やおいしさ修飾語を使わずに，おいしさ情報語だけでおいしさを説明するのは避けるべきです．

	鮮度の良い	新鮮		
	厳選素材	こだわり素材	素材の味が生きた	素材そのものの
素材	産地限定	産地直送	本場の	○○農園産
	旬	季節限定		
	朝採り	完熟の	天然の	自然の
	無添加	無農薬	体にやさしい	ヘルシー
製法	味がしみる	しっかり味を含ませ	手作り	自家製
	秘伝の	こだわりの	本格的な	
	ていねいな	誠実な	まじめな	
	たべごろ	採れたて		
	出来立て	焼き立て	揚げ立て	炊き立て
状態	あつあつ	ほかほか	ひんやり	キンキン
	血の滴る	身が締まって		
	からっと	カラリとした	じゅわー	シュワシュワ
	しんなりとした	ふっくら	具だくさん	

4.2 おいしさ表現の単語

おいしさ情報語には大別して，素材の情報，製法の情報，状態の情報があります．表には示していませんが，食品の外観に関する情報も一種のおいしさ情報語です．

おいしさ情報語は必ず，「その素材を使っているから，○○のようにおいしい」，「その製法だから，△△のようにおいしい」，「その状態だから，××のようにおいしい」というように，素材・製法・状態と具体的なおいしさが，因果関係として，きちんと関係づけられた文脈である必要があります．「A農園の旬の完熟トマト」という表現は，「A農園」「旬」「完熟」という，おいしさ情報語しか使っていないので基本的には避け，「甘味だけでなく旨味もたっぷりあるA農園の完熟トマト」という表現とするべきです．

また，「シェフこだわりの手作りパスタ」ではなく「手作りならではの，もちもちなのに歯切れのいい食感のパスタ」という表現をしなければなりません．

おいしさ情報語のお客様にとっての役割を図表4.11のトマトの例で説明します．「旨味たっぷりのトマト」という文章は，おいしさ風味語だけの表現です．トマトのおいしさは甘味や酸味であることは一般によく知られていますが，旨味もトマトのおいしさの重要な要素であることはあまり知られていません．お客様が商品を食べているとき，「旨味たっぷり」というこの文章が目に入ると，「このトマトは旨味が特徴でおいしい」ということがわかります．ただし，ここで記憶されるのは「旨味がおいしいトマトがある」という事実だけです．

2番目の文章は「A農園の旬のトマト」というおいしさ情報語だけの表現で

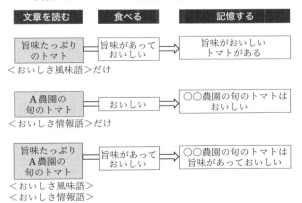

図表4.11 おいしさ情報語の役割（例：トマト）

す．これを食べておいしいと感じた消費者は，「A農園の旬のトマトはおいしい」ということを記憶しますが，どのようにおいしかったのかは記憶されません．もし後に，B農園のトマトを食べておいしいと思ったとき，A農園のことは忘れてしまうかもしれません．3番目の文章は，「A農園の旬のトマトは旨味がある」という情報です．これを食べたお客様は「A農園の旬のトマトは旨味があるからおいしい」という情報を記憶します．この記憶は，実際に食べて旨味があっておいしかったという記憶で，第2章の記憶のメカニズムで述べた，「新婚旅行で行ったハワイの海の色の記憶」のエピソード記憶（図表2.17）に相当します．さらにこの文章を読んだ後，トマトを食べて「旨味」を感じることができれば，「A農園」という情報表現と「旨味」という風味表現，そして「おいしかった」という経験が，「手続き記憶」として一体となり記憶が定着され，その後B農園のおいしいトマトを食べたとしても，記憶が上書きされにくい可能性があります．

このように，おいしさ情報語はおいしさ風味語と同時に使うことで，特に記憶の面で相乗効果をもたらす大きな働きがあります．

4.2.5　おいしさ単語の使い方の留意点

おいしさ単語を使って文章作成をする時や，第5章で説明するマーケティングの際，特に注意したい留意点を説明します．

第1に図表4.12のおいしさの「直接表現」と「情報表現」を正しく使うという点です．「直接表現」は「おいしさ風味語」「おいしさ修飾語」「おいしさ称賛語」を指し，食品のおいしさそのものを具体的に説明する表現です．一方「情報表現」は，外観，素材，製法，状態などのこだわり情報です．おいしさ文章の作成やマーケティングの実行の際は，これまで説明してきた「直接表現」と「情報表現」の役割を理解したうえで，的確に使いこなして行う必要があります．

図表 4.12　直接表現と情報表現

直接表現	おいしさ風味語	味，香り，食感 総合，その他の感覚
	おいしさ修飾語	風味自体，強弱，種類，バランス 相互関係，時間軸の変化，記憶と関連
	おいしさ称賛語	表現の結論
情報表現	おいしさ情報語	素材，製法，状態，外観・色

4.2 おいしさ表現の単語

第2に重要なのは「インパクトワード」についてです．「インパクトワード」とは，個性的なため印象に残りやすい単語です．これに対して，一般的でよく使われる単語を「ポピュラーワード」とよびます．インパクトワードと，ポピュラーワードの比較を図表 4.13 に示しました．

図表 4.13 インパクトワードとポピュラーワード例

	メリット	デメリット	文例
インパクトワード	商品の差別化表現となる	違和感を感じる場合がある	・旨味の強いトマト ・独特な青い香りのあるトマト ・糖度 10 のトマト
ポピュラーワード	馴染みがあるので安心	ありきたりで差別化できない	・甘いトマト ・甘味酸味のバランスの良いトマト

ポピュラーワードは，おいしさの直接表現として広く使われるために馴染みはありますが，逆にいえばありきたりな表現です．一方インパクトワードは，あまり馴染みがない表現のため，商品の差別化表現として適当ですが，お客様に違和感を感じさせたり，意味が伝わらなかったりする恐れもあります．

一般に，味と食感はポピュラーワードになる場合が多く，香りはインパクトワードになる可能性が高くなります．もちろんインパクトワードとポピュラーワードの間に明確な線引きがあるわけではなく，文脈によってニュアンスも違ってきます．特に対象とするお客様のタイプや，伝えたい目的にしたがって言葉を的確に選ぶようにします．ポピュラーワードとインパクトワードの使い方は，5章のマーケティングで詳しく説明します．

第3にネガティブな表現は極力避けるべきです．香りの表現で，「魚臭い」とか「獣臭い」という表現は，いくら個性的でも違和感が強くなりすぎます．「魚臭い」は「海産物系の香り」と表現したり，「獣臭い」は「野趣あふれる」とか「野性味のある」といった表現に置き換えられます．「土臭い」も，ややネガティブな表現なので，吾助じゃがいもでは「昔ながらの土臭い香り」というように形容詞とセットで使用しています．このように実際に表現する際は，表現を見たお客様がどのように感じるかを意識し，慎重に表現を選ばなければなりません．

また，「臭みがなくておいしい」という表現は一見ポジティブな表現に見えますが，「臭みのない魚」というのは，「食べる前は，鮮度が悪く臭いと思って

いたのに意外に臭くなくて安心した」というようなニュアンスを持っています．つまりこの表現は「悪くない」「ネガティブではない」と言っているだけで，積極的に良いことは何も伝えていません．したがって，このような表現をする場合は，「臭みがなくて，○○のようにおいしい」という，おいしい理由を必ず加えるようにします．

4.3 おいしさ表現の文章

本節では，単語を組み合わせて，おいしさの文章を作るための原則を説明します．ビジネスでおいしさを表現する媒体は，目的に応じていろいろな種類（図表4.14）があり，それぞれ使える文字数が異なります．文字数が短い媒体としては，商品のパッケージ上で商品内容を説明する「ボディーコピー」や，「店頭の商品説明，POP」があります．このような媒体では特徴を絞り込み，お客様の目を引く強い文章でおいしさを表現しなければなりません．媒体ごとの表現の詳しい違いは第5章のマーケティングで説明しますので，本項では200文字程度でおいしさ表現を作成する場合の原則を説明します．本項で説明する原則をまず理解したうえで，どんどんアレンジしてみてください．

図表 4.14 おいしさの文章の種類

おいしさを表現する媒体	文字数
パッケージのボディーコピー	10〜30
店頭の POP	10〜30
店頭のプライスカード	50〜100
商品紹介文	30〜400
企画書・提案書	100〜400

4.3.1 ストレートな表現を使う

日本人は，日常会話でもあまりストレートな表現を好まないため，おいしさの表現でも「すっきりしておいしい」「臭みがなくておいしい」といった婉曲的な表現が多くなりがちです．200文字程度の文章で，おいしさの魅力を伝えようとする場合，このような奥ゆかしい表現を使っても十分に魅力を伝えることはできません．「女性を褒めるイタリア男性のような気持ち」になって，食品や料理の風味のポジティブ面を，ストレートに表現する言葉を探しましょう．

4.3.2 文章構成の基本

200文字程度の文章には，複数のおいしさ表現を含めることができます．魅力ある表現とするのための，おいしさの文章構成の原則を説明します．

（ア） おいしさ表現の全体構造

おいしさの文章の基本構造を図表 4.15 に示しました．おいしさの文章は複数の「おいしさ風味語」を中心に構成されます．また「おいしさ称賛語」は文章全体の結論として示し，「おいしさ情報語」は全体のおいしさ感をアップするために使います．

図表 4.15 おいしさ表現の全体構造

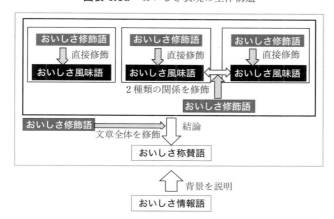

「おいしさ修飾語」は「おいしさ風味語」の魅力を表現するために使います．

おいしさ風味語は，単に「甘い」「フルーツの香り」「ぱりぱりの食感」というように，その風味の事実を述べているだけです．これらの風味語に修飾語を組み合わせることで，どのようにおいしいのかを表現することができ，食品や料理をより魅力的に伝えることができます．図表 4.8 でも説明したようにおいしさ修飾語には，修飾する相手の違いによって，「おいしさ風味語を直接修飾するもの」，「2種類のおいしさ風味語の関係を修飾するもの」「文章全体を修飾するもの」の3タイプがあります．図表 4.16 にこの3タイプの事例を示しました．

第4章 おいしさを表現する言葉

図表 4.16 おいしさ修飾語の使用例

修飾タイプ	修飾語の分類	文章例
風味語を直接修飾	風味自体の良さ	ほどよい甘さ
	強弱の良さ	濃厚なフルーツの香り
	記憶と関連した良さ	自然な苦味
2種類の風味語の関係を修飾	バランスの良さ	甘味と苦味の調和した味
	相互関係の良さ	パリパリの皮とやわらかい鶏肉のコントラスト
文章全体を修飾	種類の良さ	複雑なこく味がある
	時間軸の良さ	後味の良い甘味
	記憶と関連した良さ	この料理は心なしか懐かしさを覚える味だった

(イ) 時間軸で表現する

おいしさを文章にする時は，食べ始めてから食べ終わりに至る時間軸，すなわち最初に一噛みしてから咀嚼して嚥下するまでの順序に従って表現していく

図表 4.17 時間軸を使った表現（例：岩ガキ）

> その場で一個，ポン酢をちょいと付けて口に放り込んだ．とたんに潮の香りが鼻孔から出てきて，それをかむと一瞬ツルリとした感じがした後，歯と歯につぶされて今度は，ピロリンコ，トロリンコとした感覚が口中にあふれ，そして，その直後貝特有のうまみがクリーミーな感じで充満していった．それをじっくり味わってから，一気にピョロリンとのみ込むと，のどがかすかにグビリ，と鳴ってから胃袋に入っていった．
> 「小泉武夫の料理道楽 食道楽」日本経済新聞出版社，P40　2008年

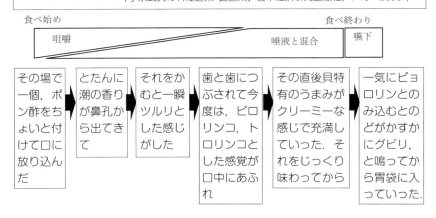

のが原則です．

図表 4.17 に小泉教授の「岩ガキ」についての文章を示しました．

岩ガキを食べ始めてから嚥下するまでの過程で感じる風味が，正確に時間軸に沿って前から順番に書かれているのがわかります．図表 4.2 で示した，小泉教授の「らふてー」についても確認してみてください．これも見事に時間軸順に示されています．風味を時間軸の順番に表現していくことで，より臨場感のある文章になります．

図表 4.18 は，パンの研究所「パンラボ」を主宰されている池田浩明氏による，食パンについての文章です．

冒頭で，食パンの中身部分と耳の部分の香りの特徴を，続いて食感の変化を表現し，最後に全体の印象を味で表現するという，簡潔で力強い文章です．「焼き菓子のような香りのパンの耳」という表現は大変秀逸です．この文章も，基本的に時間軸にしたがって，まず香りを感じ，次いで食感の変化，最後に味を説明しています．

図表 4.18　時間軸を使った表現（例：食パン）

香りがすばらしい．中身のほうはバターの甘い匂い，耳はそこに香ばしさが加わって焼き菓子のよう．そして綿のような衝撃的な食感．……それが噛んでいくうちに，しこしこしたものに変わっていく．甘さがかなりあって，おかずと合わせるというより，これだけを食べて十分満足できる．

池田浩明「パンラボ」白夜書房，P73　2012年

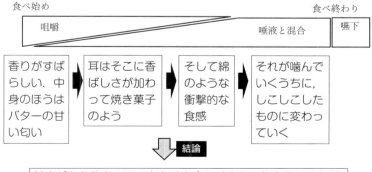

第4章　おいしさを表現する言葉

おいしさの表現は，「香り⇒食感⇒味」の順番で述べるのが一般的です．これは，ものを食べると，まず香りを感じ，次いで咀嚼により食感を感じ，最後に全体の味を感じることが多いからです．例外もありますが，この順序を原則として覚えておくと良いでしょう．なお，ここで引用した池田氏の著作「パンラボ」は，おいしさの表現単語の宝庫なので，是非参考にされると良いと思います．

　図表4.19，図表4.20には，フードコラムニストのレジェンドである門上武司氏が長年ANAの機内誌「翼の王国」に執筆されていた「二度目のシリーズ」から，フランス料理とちゃんぽんの記事の文章を示しました．いずれも，食べ始めから口の中で味が変化していく流れが見事に記述されています．門上氏の文章は，時間軸で表現した後に「添えられたキャベツとトリュフの相性も素晴

図表4.19　時間軸を使った表現（例：フランス料理）

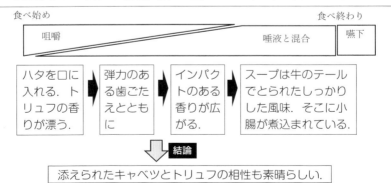

4.3 おいしさ表現の文章

図表 4.20 時間軸を使った表現（例：ちゃんぽん）

> まずはちゃんぽんのスープを飲む．すっきりしつつ，コクがある．野菜の甘味が生きているというのが一口目の印象であった．食べ進めるにつれて野菜の甘味が増してくる．そこに豚肉の軽やかなうま味が加わり，スープが変化してゆくのがうれしい．麺との適度な絡み具合も見事だ．これはクセになる味わいである．
>
> 門上武司　ANAグループ機内誌「翼の王国」シリーズ「二度目の」八幡浜　1月号　2016年

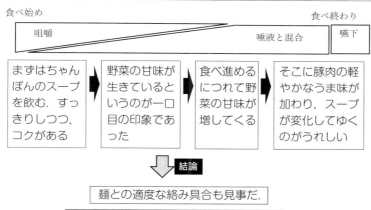

らしい」，「麺との適度な絡み具合も見事だ」というように，「相性」「適度な絡み具合」という「おいしさ修飾語」をつかって，料理に使われている素材の相互関係を説明しています．そして文章の最後に「海から里山に向かうようなイメージの広がる料理だ」「これはクセになる味わいである．」というように，その料理の全体の魅力を総括する文章でまとめているのが特徴です．このように，おいしさ風味語を時間軸で説明し，最後に料理全体に対しておいしさ修飾語を使って総括するのも基本的な構成の一つです．

（ウ）料理の素材構成で説明する

時間軸ではなく，料理を構成している素材を，一つずつ説明しながら，おいしさを表現していく方法もあります．特に，作り手による商品説明ではこの手法がとられることも多くなっています．少ない文字数でできるだけたくさんのおいしさ要素を伝えたい場合は，素材構成による表現が効率的なこともあります．

図表 4.21 はマクドナルドの期間限定「ハワイアンバーベキューポークバーガー」の商品説明です．

図表 4.21 料理の構成によるおいしさ表現

旨味に富んだポークパティとぷるぷるたまごに，トロピカルな香りが特長のジューシーなベーコンを合わせ，粉チーズをトッピングした香ばしいバンズではさんだマクドナルドの新「ハワイアンバーベキューポークバーガー」．ジューシーなポークの旨味と，フルーティーな特製バーベキューソースとベーコンが絶妙にマッチした食べごたえのあるおいしさです．

マクドナルドHP「ハワイアンバーベキューポークバーガー」から引用
（期間限定商品のため，現在販売しておりません）

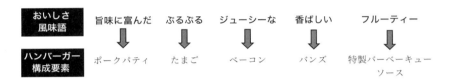

　ここでは，ハンバーガーの素材構成要素を説明しています．「ポークパティ」「たまご」「ベーコン」「バンズ」「特製バーベキューソース」という5点の素材構成要素それぞれに対し，「旨味に富んだ」「ぷるぷる」「ジューシーな」「香ばしい」「フルーティー」というおいしさ風味語を組み合わせており，文字数の限られた説明の中に，最大限のおいしさ風味語を盛り込んだ，完成度の高い事例です．素材構成要素表現は，先に説明した時間軸表現に比べると，やや散文的で面白みに欠けるかもしれませんが，情緒的なおいしさ表現よりも，商品内容の的確な伝達に主眼を置いた場合，しばしば使われます．

　よりリアリティがあり，生き生きとした表現をしたい場合は時間軸表現，正確でわかりやすい表現を求める場合は素材構成要素表現を選びます．もちろんこの2種類の表現を組み合わせてもよいでしょう．

4.3.3 文書中でのおいしさの単語の使い方

(ア) おいしさ風味語は「味」「香り」「食感」のバランスをとる

　一つの文章の中では，風味の3要素の「味」「香り」「食感」を1：1：1程度の分量で表現するのが原則です．食品や料理は3要素それぞれに特徴があります．文章の読み手からすれば，例えば味なら味についてだけ細かく説明されるよりも「香りは……，食感は……，そして味は……」というようにメリハリをつけて説明された方が，その食品の魅力がより重層的，立体的に伝わってきます．図表4.22に本章で示したそれぞれの例文の，おいしさ風味語使用のバランスを示しました．基本的には，どれも「味」「香り」「食感」に関する表現がバランス良く配置されている例が多くなっています．

図表 4.22 おいしさ用語使用のバランス

図	食品名	おいしさ素材語 味	おいしさ素材語 香り	おいしさ素材語 食感
4.17	岩ガキ	・貝特有のうまみ ・クリーミーな感じで充満	・潮の香り	・ツルリとした感じ ・ピロリンコ，トロリンコとした感覚
4.18	食パン	・甘さがかなりあって	・中身のほうはバターの匂い ・耳は香ばしさが加わって焼き菓子のよう	・綿のような衝撃的な食感 ・噛んでいくうちにしこしこしたものに変わる
4.19	ハタのローストトリュフと牛小腸スープ	・牛のテールでとられたしっかり風味	・トリュフの香りが漂う ・インパクトのある香りが	・弾力のある歯ごたえ
4.21	ハワイアンバーベキューポークバーガー	・旨味に富んだポークパティ ・ジューシーなベーコン	・香ばしいバンズ ・フルーティーな特製バーベキューソース	・ぷるぷるたまご

(イ) 相手に対応してインパクトワードを使いこなす

　実際に作成される文章は様々なトーンがあります．
　池田氏の文章の図表4.18は「食パンの耳が焼き菓子の香り」「綿のような衝撃的な食感が，しこしこ感に変化する」といった，普通では思いつかないようなインパクトのある味の表現が含まれています．小泉教授の文章図表4.17も「途

端に潮の香りが鼻腔から出てきて」「ピロリンコ，トロリンコとした感覚が口中にあふれ」など，独特の躍動感のある表現になっています．

　このように，おいしさの文章にインパクトを付けるための方法は2つあります．1つ目は池田氏のように，普通は使わないおいしさ風味語や修飾語，すなわちインパクトワードを使う方法です．吾助じゃがいもの例で述べた「カシューナッツのようなじゃがいもの香り」「上質の羊羹のような，ねっとりしたじゃがいもの食感」もこの表現方法です．カシューナッツや羊羹という，じゃがいもとかなり距離のある素材を例えに使うことで，強いインパクトを生んでいます．2つ目は小泉教授の文章のように，表現方法を工夫する方法です．このレベルになると文学的表現ともいえますので，はじめて文章を書く場合はなかなか難しいかもしれません．したがって，文章にインパクトを付けるにはまずは第1の方法，すなわちインパクトワードを使ってみることをお勧めします．

　ただし，インパクトワードの多用は読み手にとって，場合によっては鼻につく表現になってしまう危険性があります．5章で詳しく説明しますが，インパクトワードをどの程度使うかは，文章を読むお客様，すなわちターゲットを意識して決める必要があります．マクドナルドは幅広いお客様をターゲットにしていますので，インパクトを多少犠牲にしても，わかりやすく安心して読める文章にしていると考えられます．比較的オーソドックスなポピュラーワードである，「旨味に富んだポークパティ」「ジューシーなベーコン」「香ばしいバンズ」「フルーティーな特製バーベキューソース」を，おいしさ風味語として使用しているのはそのためです．実はマクドナルドの文章の中で，唯一インパクトワードと考えられるのが「ぷるぷるたまご」という表現です．ほとんどポピュラーワードだけで構成された文章でありながら，「ぷるぷるたまご」というインパクトワードを1点だけ潜ませている，全体として大変完成度の高い文章ではないかと感じます．

　一方池田氏の食パンの文章にある「焼き菓子のようなパンの耳の香り」といわれても，ピンとこない人もいるかもしれません．「綿のような食パンの食感」といわれると，ぎょっとする人がいるかもしれません．「パンラボ」は，池田氏ご自身が日本中の様々なパンを食べて味を比較した，パンマニアのバイブルといえるような本です．逆に言えば，ごく一般の消費者が幅広く読むような本ではありません．「池田さんが使った表現であれば，自分がこれから食べるパンの耳に焼き菓子の香りを探しに行こう」と，思うような読者を対象にしてい

る本だからこそ使える表現だと思います．

　このように，インパクトワードはもろ刃の剣ですが，競合品とおいしさを差別化するという意味では非常に重要です．状況に応じてインパクトワードを使いこなせるようにチャレンジしてみてください．

（ウ）　おいしさ称賛語は最後のまとめで使う

　すでに何度も述べているように，「おいしい」「うまい」「最高」といった，おいしさ称賛語表現を，多用するのは望ましいことではありません．本章で示した文例でも，おいしさ称賛語はほとんど使われていません．おいしさ称賛語を使用する場合は，すべての説明を終わった後に，「最高の〇〇のおいしさで，大満足であった．」「格別の〇〇の味は，感動ものであった」といった最後の締めの言葉にとどめるべきでしょう．

（エ）　おいしさ情報表現はおいしさ直接表現をサポートするために使う

　ここでもう一度，60 ページに示した，小泉教授のラフテーの例（図表 4.2）を見てみましょう．この 1000 文字ほどの文章の中で，おいしさの直接表現は後半の下線部 200 文字程度のみです．冒頭から中盤まで，すべておいしさの情報表現で「自身と沖縄のかかわり」「ラフテーを作ってくれた元気なおばあ」「ラフテーの作り方」「完成したラフテーの外観」を説明しています．

　その後，おいしさの直接表現が続いた後，最後に「泡盛と合わせたときの感想」で締めています．このように小泉教授の文章の 70％は直接風味とかかわりのない情報表現で，いずれも，図表 4.1 でソムリエの田崎氏が，あまり望ましくない表現として問題提起した表現です．

　しかし，この文章ではおいしさ情報表現がおいしさ直接表現の内容の背景，すなわち歴史や作り手のこだわりなどを説明する大変重要な役割を担っています．このようにおいしさ情報表現は，おいしさ直接表現をサポートするために使うべきです．決して，おいしさ情報表現だけの文章とはしないで下さい．

　なお，おいしさ情報表現を述べる時は，直接表現と切り離して（段落を分けて），直接表現の文章の前後で説明するのが一般的です．

4.4 おいしさ文章作成を目的にした場合の食べ方

食品や料理のおいしさの文章を作成するためには，対象の食品を食べてその特徴を把握したうえで，言葉に起こさなければなりません．当然その際は，普段の生活の食事と同じようにただ漫然と食べるわけにはいきません．「食品のおいしさを文章にする」目的で食べるときに，どのような食べ方をしたら良いかについて説明します．

4.4.1 おいしさ文章化のプロセス

おいしさ文章化の目的は，食品の魅力をお客様に伝えることです．したがって，食べる時は，「お客様が魅力を感じる言葉を探す」という意識で，「言葉，文章を考えながら食べる」必要があります．その際重要なのは，他の料理との差別化ポイントです．つまり今食べている食品は，他の食品や料理，すなわち競合品と比べて，どこが魅力的なのかという点を，考えながら食べなければなりません．例えばトマトなら，自分が今まで食べてきたトマトや他の生産者，他の品種と比べて，味，香り，食感がどのように違っていて，それがどう魅力的なのか？という点を意識しながら食べて明確にする必要があります．

ここで重要なのは，文章制作者自身の脳の働きです．脳の働きのプロセスを模式図にしたのが図表 4.23 です．第 2 章で説明した通り，口中で感じた風味情報は脳にインプットされ，全体としての風味を認識します．文章化のためには自分が感じた風味を，まず記憶の中にある「競合品の味」と比較して，それと競合品の差別化ポイントを認識しなければなりません．差別化ポイントを認識した後は，脳の別のところに記憶されているおいしさ単語を当てはめます．

図表 4.23 おいしさの文章化プロセス

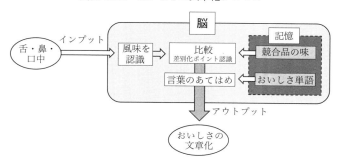

そして最終的に文章にアウトプットします．

おいしさの文章化が難しいのは，図表 4.23 に示した一連のプロセスを，食品を食べている最中に行わなければならないことです．これが目で見る情報や，耳で聞く情報であれば，写真や動画を撮影して保存し，後からじっくり文章を考えることができます．ところが，舌・鼻・口中で感じた風味のインプット情報は，自分の脳以外で記録保存することはできません．そして脳は写真や動画と違って風味を完全に再生することはできません．したがって，おいしさの文章化のためには，口でものを食べている最中に，脳が図表 4.23 に示す「風味の認識」「競合との比較」「言葉のあてはめ」を同時に行う必要があります．

4.4.2 食べながら文章化する際のポイント

この作業を的確に行うためのポイントを，図表 4.24 に示しました．まず，食品を食べながら「味」「香り」「食感」を別々に意識しながら食べ，それぞれの特徴を探します．そしてその場でおいしさ風味語に当てはめてしまいます．例えば「このスープは普段と違う香りがする．なんだろう？そうだ！ニンニクの香りだ」というようなことを，自問自答しながら食べるのです．重要なのは食品や料理から出てくる風味を「待つ」のではなく，こちらから特徴を「探しに行く」気持ちを持つことです．食品を食べたとき「これはおいしい」「他とは違う特徴がある」と引っかかりを感じるポイントがあると思います．「探しに行く」というのは，この引っ掛かりポイントの味は何かを探すことです．スープを味わった瞬間は「なんだかおいしい，他と違う味がする」と感じるだけ

図表 4.24 おいしさ文章化のためのポイント

食べ方のポイント
- ☑ 味，香り，食感に分けて，「おいしさ風味語」で特徴を探す
- ☑ 時間軸の感覚を持つ
- ☑ 可能なら，おいしさ素材語を修飾する言葉を考える

競合品の味を記憶するポイント
- ☑ 食経験を積む，ひたすら食べる
- ☑ 同じ種類のものを比較しながら食べる
- ☑ 言語化が進んでいる食品ならば，セミナー等で知識を得る

言葉のあてはめ力を上げるポイント
- ☑ 本書の「おいしさの辞書」を参考にする
- ☑ 良質なおいしさ表現の文章を読む
- ☑ 商品説明，メディア（TV，雑誌，SNS）のおいしさ表現を常にチェックする

かもしれません．その際，その他と違う味は何か，ということを必死に探すことです．

　また風味は，食べ始めから食べ終わりまでの時間軸で，前半，中盤，後半の3つに分けて感じると良いでしょう．これが次節で説明する文章化に役立ちます．

　食品を食べながら「おいしさ修飾語」まで思いつけばベストですが，なかなかそこまでは余裕がありません．したがって，食べているときは，「おいしさ風味語」まで把握し，これを説明する「おいしさ修飾語を検討」するのは，実際に文章に起こす際で良いかもしれません．

　次に競合品の味を脳で記憶するためのポイントですが，まず絶対にやらなければならないのは，対象食品の競合品をたくさん食べることです．フードライターの方は，例えばラーメン特集をするとなれば，何十軒ものラーメン店を食べ歩くそうです．差別化ポイントを探しているのに競合品の味を知らなければ，魅力のある言葉を生み出せるはずはありません．一般に食品の作り手は競合品を食べる機会が多いはずです．例えば，トマトの生産者は，自分の作ったトマトだけでなく，他の生産者のトマトも含め，トマト自体の食経験は一般の人に比べて相当に豊富なはずです．したがって普段から競合品を食べるときは，漫然と「おいしい」とか「おいしくない」とかコメントをするのでなく，自分の商品との味の違いや差別化ポイントを意識して，これまで説明してきた，おいしさ表現を使い様々な言葉をどのように当てはめたらよいかを考えながら食べる癖をつけましょう．

　すでにおいしさの言語化の体系ができている，ワインやコーヒー，ウイスキーなどのテイスティングセミナーに参加し，おいしさの言語化のプロセスを体感するのも，おいしさの文章化の訓練のためには有効です．これらのセミナーでは，通常何種類かのタイプの異なる製品を順番にテイスティングして，講師が味の特徴を説明していきます．例えばワインセミナーでは講師が「スミレの花の香りがします」と言い，受講者はテイスティングをしながら「スミレの香りを探す」，そして「スミレの香りを記憶する」という進め方をします．ここで体感したプロセスが，自分の商品のおいしさ文章作成の際の参考になります．

　最後に，「言葉のあてはめ方」のポイントです．おいしさ風味語，おいしさ修飾語はなかなかスッと思いつくものではありません．おいしさ用語は，巻末に一覧表にしてありますので，コピーして実際に食品を食べる時，手元に置い

ておくと便利です．

　文章力を上げるには，良質の文章を読むのが良いでしょう．本書でたびたび引用させていただいている，小泉教授は多くの文章を書かれているので，是非読んでみてください．その際は本章で説明した，おいしさの文章の構造を意識しながら読んでいくと，より文章力がつくと思います．舌や脳で風味を感じる力を鍛えるための，実践的なトレーニングの方法については第 6 章で説明します．

第5章　おいしさを伝えるマーケティング

　本書ではおいしさの見える化の目的を，マーケティング，すなわち「食品のおいしさの魅力をお客様に的確に伝えたて売り上げをアップさせる」こととしています．本章では，第4章で説明したおいしさの言葉を使って，ビジネスや販売の場面で効率的においしさの魅力を伝える方法を具体的に説明します．

5.1　嘘をつかない

　マーケティングとは，「物が売れる仕組み」のことです．より魅力的な表現をすることで，マーケティング力は向上します．ただ，表現を魅力的にすることを目指すあまり，実際の商品とかけ離れた表現や言葉を使ってはいけません．おいしさの見える化によるマーケティングを考える際には，この点を特に注意する必要があります．

　食品の表示や宣伝の内容は，「食品表示法」「景品表示法」「不正競争防止法」などの法律で規定・制限されています．

　景品表示法では，事業者が品物やサービスの品質，規格その他の内容について，「実際のものよりも著しく優良」または「事実に相違して競争業者のものよりも著しく優良」であることを示す表示を行うことにより，不当に顧客を誘引し，消費者の自主的かつ合理的な選択を阻害する恐れがあると認められるものは，「優良誤認を招く不当表示」として禁止しています．優良誤認表示の具体例としては，「100%果汁と表示したジュースの果汁成分が実際は60%だった」「機械打ちの麺に手打ちと表示していた」「添加物を使用した食品に無添加と表示していた」，などが挙げられます．事業者が優良誤認表示をした場合，行政機関より「当該行為の差し止め」「再発防止措置，またはこれらの実施に関する指示」を受けることがあり，従わない場合は罰金や懲役に処せられることがあります．

　それでは例えば「サクサクのパイのミルフィーユ」という表示なのに，パイがカスタードクリームの水分を吸ってふにゃふにゃの食感だったお菓子を販売

した場合，優良誤認表示に該当するでしょうか？．このようなおいしさ表現に関して優良誤認が指摘された例はまだありません．しかし，前例がないからといって，今後このような表現が優良誤認表示と認定される可能性はないとは言えません．数年前におきたメニュー偽装問題は，例えば「バナメイエビという品種の海老を，クルマエビと表示し，メニューに載せる」という，過去から習慣的におこなわれていた行為が，ある時を境に社会から厳しく糾弾され，会社経営に大きなダメージを被った，という事件でした．したがって，ふにゃふにゃ食感なのに「サクサクパイのミルフィーユ」と表示することが，優良誤認として，ある日突然に社会から糾弾される可能性がないとは言えません．また，仮に法律で処罰されなかったとしても，このような商品を買ったお客様は，表示された表現と実際の商品のギャップに不信感を抱き，二度とその商品やその会社の商品を買わないため，絶対に避けなければならない行為です．

　おいしさの表現の文章をマーケティングの観点で考えるとき，より魅力的で売れそうな表現を使いたくなるのは人情です．しかし，食品ビジネスを長期的な視点で考えたとき，決して実際の商品よりも優れたように見える表現を使ってはいけません．おいしさ表現では「自分自身が感じたおいしさだけを，正確に表現する」「必要以上にオーバーな表現を使う誘惑には，決して負けてはいけない」，ということをまず初めに強調しておきます．

5.2　マーケティング理論のおさらい

　マーケティング理論とは，「物が売れるための仕組みを理論づけた体系」です．これは，物理や化学の理論のように実験によって得られたものではなく，過去のビジネスや販売の経験のなかで，共通にみられる原理原則を体系立てた抽象的な理論体系で，物を売るすべての場面に対応できます．商品販売にもサービス提供にも，高額の自動車から低価格の食品まで，また生産財（BtoB）の販売に対しても消費財（BtoC）の販売に対しても同じように対応できます．

　ここでは「おいしさを見える化してマーケティングに応用する」方法を，マーケティング理論に則って具体的に説明しますが，本節では「おさらい」として，本章で扱うマーケティング理論の概略を説明します．

第5章　おいしさを伝えるマーケティング

5.2.1　マーケティング理論の全体像

マーケティング理論の全体像を図表 5.1 に示しました．マーケティング理論は，大きく分けて「マーケティングの共通原則」と「マーケティング戦略（2W2H）」に分かれます．

図表 5.1　マーケティング理論の全体像

マーケティング共通原則			
マーケティング戦略（2W2H）			
誰に (Who)	何を (What)	いくらで (How much)	どのように (How)

「マーケティング共通原則」は，物を販売する事業活動をする際，どんな場面でも共通して守るべき原則です．

「マーケティング戦略」は，実際の販売活動の場で考慮すべきポイントをまとめた原則です．これらは，フレームワークとして考えることが多く STP（セグメント，ターゲット，ポジショニング）や，4P（Place: 場所，Price：価格，Product：商品，Promotion：販促）といったフレームワークが有名です．本書では STP と 4P を合体した，2W2H（Who：誰に，What：何を，いくらで：How much，どのように：How）というフレームワークを使って，マーケティング戦略の原則を説明します．

5.2.2　マーケティング共通原則

本書で取り扱うマーケティング共通原則を図表 5.2 に示しました．いずれも，販売活動を行う以上，必ず守らなければならない原則です．

図表 5.2　マーケティング共通原則

内　容
（ア）販売活動のすべての場面で，お客様視点を持つ
（イ）商品やサービスの価値を創造し，差別化を図る
（ウ）事業目標を明確にし，目標を達成するための戦略を立てる

（ア）　販売活動のすべての場面で「お客様視点」を持つ

「お客様視点」は，マーケティング共通原則の中でも最も重要な原則です．作り手はどうしても「自分がいいと思うもの，好きなもの」「作りやすくて利益が出るもの」を発売したくなります．それに対して，お客様の視点にたって「その商品に，お客様が本当にお金を出して買っていただけるのか」を，もう一人の自分が意識して商品や売り方を考えていく必要があります．

（イ）　商品やサービスの「価値」を創造し「差別化」を図る

ものが有り余っている現在，お客様に商品を買っていただくためには，「お客様がわざわざその商品を買うための理由」が必ず必要です．その理由をマーケティング用語で，「価値」という言葉を使います．価値の分類と定義を図表 5.3 に示しました．

「機能価値」とは，自動車でいえばスピード，燃費，耐久性，堅牢性等です．食品では，「おいしさ」「利便性」「健康機能」などが相当します．

「情緒価値」は，自動車でいえば「かっこいい」「高級そう」「スタイリッシュ」などです．これ以外にも「おしゃれ」「かわいい」など，ファッションや雑貨で特に重要な価値です．

「共感価値」は，他人や社会の役に立つことの喜びです．「農作物の生産者の苦労話を聞くことで，その生産者から買いたくなる」「コストが高くても環境にやさしい車に乗りたい」といった行動が共感価値の例です．

「自己実現価値」は，その商品やサービスで自分を高めることができる喜びです．例えば「ワインに対して，いろいろな産地や生産年の味，またその味を作るための製法を知ることで知識欲を満たし，得た知識を同好者と語り合って

図表 5.3　いろいろな価値の分類と定義

機能価値	商品やサービスの機能そのものから得られる喜び
情緒価値	商品やサービスから得られる感情的な喜び
共感価値	その商品を使うことが，他人や社会の役に立つことによる喜び
自己実現価値	その商品を使うことで，自分自身を高めたり，表現することによる喜び

楽しむ」といった例が挙げられますし，自動車で「○○という車に乗っていることで社会的な地位が上がる」といった価値も自己実現価値に相当します．

「共感価値」や「自己実現価値」は最近になって注目されている価値です．

これらのさまざまな価値は，一つの商品に必ずしも一つだけあるというわけではなく，組み合わされて効果を発揮します．例えばインスタ映えという価値は「情緒価値」と「自己実現価値」が合わさった価値と見ることができます．

価値は競合品との差別化に直結していなければなりません．お客様の持っているお金には限りがあり，人間の胃袋の大きさは一定です．そのため，自分の商品やサービスでお客様からお金をいただくためには，具体的にどのような価値で競合品に勝つ，すなわち差別化でするのかという点を強く意識する必要があります．

（ウ） 事業「目標」を明確にし，目標を達成するための「戦略」を立てる

マーケティングに限らず，事業・仕事を行う場合，結果として何が得られるのかという「目標」と，それを実現するための方法，すなわち「戦略」を決めなければならないという原則です．

目標と戦略の関係を図表 5.4 に示しました．最初に目標を設定します．次に，目標と現状のギャップが何かを整理します．そしてギャップを埋める方法を考えます．これが戦略です．目標を明確に設定せずに「成り行き」で仕事をしたのでは，なかなかゴールにたどり着けません．

図表 5.4　マーケティング目標と戦略

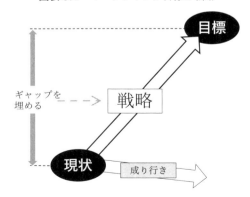

5.2 マーケティング理論のおさらい

マーケティング目標設定の方法を図表 5.5 に示しました．マーケティング目標設定は，売上・利益（How much）だけになりがちですが，同時に重要なのは，Why（どのような事業目標のために）と What（どのような価値を）です．例えば新商品を発売する場合，

図表 5.5　3W1H によるマーケティング目標設定の方法

Why	どんな事業目標のために
What	どのような価値を
When	どのようなスケジュールで
How much	売上額　利益額

会社や事業にとって新商品を発売しなければならない理由があるはずです．それを Why で明確にします．また，この商品でお客様に何らかの価値を提供するわけですが，それを What で明確にします．併せて，When（いつまでに達成するか）を決めなければなりません．

5.2.3　マーケティング戦略

3W1H の目標を設定したら，この目標を達成するため，図表 5.6 の 2W2H によるマーケティング戦略を策定をしなければなりません．

図表 5.6　2W2H によるマーケティング戦略策定の方法

Who	ターゲット戦略
What	商品戦略
How much	価格戦略
How	プロモーション戦略

（ア）　ターゲット戦略の検討（Who）

商品やサービスを提供するお客様像を明確にする作業が「ターゲットの設定」です．現在は価値観が多様化しているため，すべての人をターゲットとしたマーケティングはなかなか困難です．お客様を分類（セグメンテーション）したうえで，その中からターゲットを絞り込むことが重要です．

セグメンテーションは「性別で分ける」「年齢層で分ける」「商品の購入頻度（毎日，週 1 回，月 1 回…）で分ける」といった方法が一般的です．ここでは，おいしさの見える化を考える際，特に重要なセグメンテーションの方法を紹介します．

1)　トライアルとリピート

商品やサービスを初めて購入することを「トライアル購入」，一度買ったものを再度購入することを「リピート購入」と呼びます．新商品発売，新サービス開始直後は，すべての購買行動がトライアル購入です．そして，お客様がト

ライアル購入して，その商品・サービスの価値を，気に入り，喜びを感じたときだけ次のリピート購入につながる可能性があります．特に食品のような低価格商品の場合は，お客様には複数回リピート購入していただくことを，マーケティングの最終目的としなければなりません．

プロモーションを考える場合，トライアル購入者をターゲットにするのか，リピート購入者をターゲットにするかで，やり方は大きく異なります．

2) マスターゲットとニッチターゲット

市場全体のできるだけ多くのお客様をターゲットとする場合を「マスターゲット」，ある特定の生活スタイルや興味を持つお客様にターゲットを絞り込む場合を「ニッチターゲット」と呼びます．図表5.7にマス・ニッチターゲットに対応した食品の販売経路の具体例を示しました．一般的にスーパーやコンビニ，ファミレス，ファーストフードには，マスターゲットのお客様が，専門店やセレクトショップには　ニッチターゲットのお客様がいらっしゃいます．

プロモーションを考える際，マスターゲットに対しては，平均的に誰でも好まれるプロモーションをする必要があります．一方，ニッチターゲットに対しては，個性的で尖ったプロモーションをするのが一般的です．

図表5.7 マス・ニッチターゲットの食品販売経路具体例

マスターゲット	ニッチターゲット
スーパー コンビニエンスストア 百貨店 チェーン飲食店 ・ファミレス ・ファーストフード ・チェーン居酒屋など 通信販売（一般）	専門店 セレクトショップ 個人飲食店 通信販売（専門）

3) 購入態度による分類

次に，商品・サービスの購入態度によるセグメンテーションです．図表5.8に示すイノベーター理論とよばれる考え方では，お客様を5つのセグメントに分けており，左側ほど「新しい物に飛びつきやすい革新的な層」で，右側ほど「新しい物には手を出さない保守的な層」になります．新商品やサービスの販

図表 5.8 購入頻度によるセグメンテーション

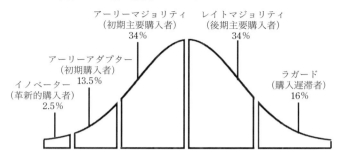

売では，イノベータ理論を踏まえて，マーケティング戦略を考える必要があります．

4) AIDMA モデル

お客様は実際に商品を購入する場面で，心理的に一定のステップを踏むので，プロモーションを選択する場合は，心理的な各ステップに的確に対応することで，効果がより高まります．この心理的なステップを示したのが，図表 5.9 の AIDMA モデルです．

図表 5.9 AIDMA モデル

認知段階	Attention：注意
感情段階	Interest ：興味，関心
	Desire ：欲求
	Memory ：記憶
行動段階	Action ：行動

お客様が商品を売り場で購入しようとする際，最初にその商品がお客様の目に入る(注意；Attention)必要があります．次にその商品が何だろうと感じる(興味；Interest) 必要があり，続いて「欲しいな」という気持ちになる（欲求；Desire)必要があります．低額品の場合はその場で購入する（行動；Action）場合もありますが，高額の場合は，一旦記憶して（記憶；Memory）よく考え，その後購入（行動；Action）します．

プロモーションの具体策を考えるときは，トライアル／リピート購入と同様に，そのプロモーションが AIDMA モデルの，どの段階にあるお客様に向けたものかを意識して，組み立てる必要があります．

さらに，食品のような低価格品ではトライアル購入時とリピート購入時では，AIDMA の使われ方は異なります（図表 5.10）．トライアル購入時，商品を知ってから購入するまでの時間が短いため，M（記憶）は省かれ，「注意を引く（A）

図表 5.10　低価格品のトライアル／リピート購入と AIDMA の関係

	Attention	Interest	Desire	Memory	Action
トライアル	注意を引く	興味を持つ	欲しくなる		買う
リピート				覚えている	買う

⇒興味を持つ（I）⇒欲しくなる（D）⇒買う（A）」の過程で購入されることが多くなります．これに対して，リピート購入では，すでに 1 回購入しているので，「魅力を覚えている（M）⇒買う（A）」という過程を取ります．尚，リピート購入は，1 回目の購入で「その商品を満足することができたこと」が前提ですので，ここでいう M は，1 回目の購入で魅力を感じたことを覚えている，ということを意味します．

（イ）　商品戦略の検討（What）

目標で設定した価値を，具体的に商品やサービスの設計に落とし込む作業です．商品の場合であれば，中身の品質，量目，パッケージデザイン，キャッチコピーなどを決めていきます．

（ウ）　価格戦略の検討（How much）

商品価格は，ビジネスの結果である売上や利益を決める重要な要素です．価格を下げれば売り上げは伸びますが，その際の原価が同じだと利益は下がります．価格は価値と重要な相関があります．利益を高くするためには，価値をできるだけ上げて，価格を上げていく必要があります．パッケージやキャッチコピーで，おいしさを見える化していくことは，商品原価を変えずに価値を上げる重要な手法になります．

（エ）　プロモーション戦略の検討（How）

商品やサービスの価値を伝えるのがプロモーションです．図表 5.11 に食品を例に，価値をプロモーションで伝える様々な方法を示しました．

価値は，まず何かで表現しなければなりません．価値を表現する方法を「コンテンツ」とよびます．コンテンツは，大別して「言葉」と，画像や動画のような「ビジュアル」に分けられます．おいしさの見える化とは，「おいしさ価値を言葉というコンテンツで伝えるためのテクニック」です．本書では「言葉」

5.2 マーケティング理論のおさらい

図表 5.11 プロモーションによる価値の伝達法

価 値	コンテンツ	媒 体	
機能価値 おいしさ	言葉 (おいしさ表現)	商品	商品名
			パッケージコピー
情緒価値 有名，話題，流行 おしゃれ，かわいい 珍しい，限定，安心			商品紹介文 （リーフレット等）
			企画書・提案書
	ビジュアル (写真・動画)	店頭	POP，プライスカード
共感価値 物語　歴史 顔が見える 作り手のこだわり			ポスター・店内動画
			販売員の声掛け
			販売員の説明・試食
自己実現価値 体験 マニア・知識欲 知る人ぞ知る		メディア	CM，チラシ
			パブリシティ
			雑誌，書籍紹介
			Web，SNS

を中心に説明しますが，「ビジュアル」も大変重要なコンテンツです．

価値を表現した言葉やビジュアルを，発信する場所が「媒体」です．生産者は商品の持っているさまざまな価値を，言葉やビジュアルというコンテンツに変換し，これを各種媒体に乗せて伝えます．媒体は大きく分けて，商品で伝える場合，店頭で伝える場合，メディアを使う場合に分けられます．

価値を伝える媒体として最も強いのが商品名です．これ以外に，価値は商品のパッケージにキャッチコピーとして表示したり，商品の容器の中に封入されたリーフレットなどに記載して伝えたりすることもできます．商品の内容を社内で説明する場合の「企画書」や，販売店や卸売店に商品を提案する際の「提案書」も，商品の価値を伝える媒体といえるでしょう．

次に店頭で商品価値を伝える方法として，POPと呼ばれるスタンド表示や，価格を表示したプライスカードがあります．また売り場に自社の販売員がいる場合は，販売員がお客様に対して声かけをしたり，立ち止まっているお客様に商品説明したり，食品では試食していただきながら，お客様に価値を伝える方法もしばしば使われます．

媒体の最後がメディアです．自社で費用を負担して，コマーシャルやチラシ

を作成するだけでなく，プレスリリースを配布し雑誌や新聞，テレビ番組等に取り上げてもらう，パブリシティという方法もあります．また，SNSのように個人に直接，商品価値を伝えるのも，メディアを媒体とした商品価値の伝達方法です．

5.3 マーケティング共通原則のおいしさの見える化への適用

本節では，「お客様視点」「価値創造と差別化」「目標設定と戦略策定」というマーケティング共通原則を適用して，おいしさの見える化を実現するため，具体的にどのような対応をとるべきかを説明します．

5.3.1 「お客様視点」とおいしさ

「自分の商品は○○のおいしさがある」ということを作り手が認識し，「○○のおいしさを価値として，お客様に伝えるという目標設定」をしたとします．しかし，作り手の感じるおいしさを，お客様が同じように感じるとは限りません．

作り手は，数多くの試作，実験を繰り返して，原料や作り方などをその商品の歴史や背景を含めて，一番よく知っています．しかしお客様は，その商品を初めて目にします．したがって，いくら作り手がおいしさ称賛語だけを使い，「おいしいですよ」といっても，その価値は伝わりません．作り手は，一旦おいしさ表現を作成した後，ターゲットとするお客様の視点に立って，「本当に，お客様が魅力を感じ，買ってみたい，食べてみたいと思っていただける表現になっているか」を，もう一度見直す習慣をつける必要があります．

5.3.2 「価値創造・差別化」とおいしさ価値の位置づけ

（ア）食品価値の分析

図表 5.3 に示した価値を，食品ジャンルに対応して具体的にし，図表 5.12 に示します．食品の「機能価値」の中で，「栄養」と「安全」は人の生死にかかわる最も基本的な価値で，一次機能価値と呼びます．現在販売されている食品は，すべて一次機能価値は充足されていることが前提になっているので，本書での議論の対象にはしません．

図表 5.12　食品の価値の分類

機能価値	（一次機能）栄養, 安全 （二次機能）おいしさ, 健康, 利便性
情緒価値	流行, 有名, 話題, 珍しい かわいい, 高級, おしゃれ
共感価値	作り手が見える, 産地が見える 物語, 歴史, こだわり
自己実現価値	知識欲求, マニア ネタになる, 体験, 知る人ぞ知る

「機能価値」のうち，差別化要因となり，マーケティングの対象とする最重要な価値は，二次機能価値の「おいしさ」「健康」「利便性」です．

「情緒価値」ではまず「流行」があげられます．エスニックブームや肉食女子，タピオカのように，時代に応じ，さまざまな流行が起きています．スイーツなどでは「おしゃれ」「かわいい」も差別化の重要な要素です．また「限定」と書かれるとつい買ってしまう心理や，添加物不使用のような「安心」も一種の情緒価値でしょう．

「共感価値」では，作り手の物語やこだわりを伝える食品も，特に農産物や地域産品で増えてきています．

「自己実現価値」では，実際にモノづくりを体験してみて購入につなげる，いわゆる「コトマーケティング」があげられます．また，ワインやウイスキーなどの嗜好品では，原料素材や製造のテクニックを知ることで，知的好奇心を満たして，食べて楽しむ，いわゆるマニア的な価値も重要になってきています．

このように，食品の価値構造は多様化してきており，事業者はそれぞれの商品に対して，お客様にとって差別性のある価値を生み出さなければなりません．

（イ）各種食品価値とトライアル／リピート購入の関係

「情緒価値」「共感価値」「自己実現価値」の訴求は食品のプロモーション戦略として，とても重要です．「行列のできるラーメン店に行きたくなる」「こだわりの農家の物語を聞いて食べたくなる」というのは，ごく普通にみられるお客様の行動です．これらは，「まず 1 回試しに食べてみよう」という「トライアル」を誘発する有効なプロモーション手段になります．しかし，購入がトライアルだけで終わってしまい，リピート購入につながらなければ，事業を成功

させることはできません．つまり，リピート購入につながる価値が最も重要な価値だということです．リピート購入につながる鍵は，トライアル購入された食品を食べた時の満足感です．トライアル購入時に感じた様々な価値が，どのようにリピートに影響するかを図表 5.13 に示しました．

「機能価値」のうち「おいしさ」価値は，実際においしいという実感が得られたとき，「また食べたい」という欲求が発生し，リピート購入につながる可能性が高くなります．逆に，「おいしくない」と感じたときは，リピート購入につながる可能性は，ぐっと低くなってしまいます．同様に，「○○の健康に良い」という情報で，商品を購入し「○○が良くなったという実感」があれば，やはりリピート購入につながりやすくなります．利便性も，購入後の使用時に「確かに便利だった」という実感があれば，リピート購入につながる可能性が出てきます．このように機能価値は，事前情報と使用時の感覚が一致，すなわち「おいしいと言われて買ったら，本当においしかった」という場合，リピート購入につながりやすいという特徴があります．

「情緒価値」や「共感価値」「自己実現価値」はどうでしょうか？「おしゃれなスイーツを食べた」「こだわりの農家さんの野菜を食べた」場合，これらの

図表 5.13　食品の価値とトライアル／リピート購入の関係

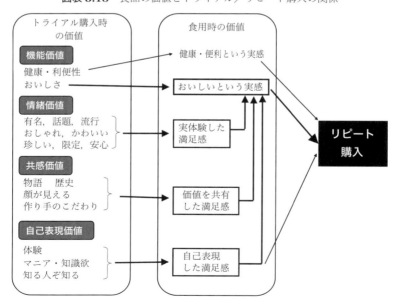

価値を実体験したことで一定の満足感は得られます．しかし，機能価値と異なり，そこで新たな価値が生まれません．そのため，一回食べてしまえばそれだけで満足し，「また食べたい」というリピートにつながる力は，相対的には弱くなります．「話題のラーメン店」に行った場合も，ラーメンがおいしいと感じればリピートにつながりますが，「たいしたことないな」と思えば，リピートにはつながりません．「こだわり製法の日本酒」は，味わったときに「こだわりと日本酒のおいしさの関連性」を感じることができれば，ぜひまた買ってみようと思いますが，そうでなければリピートにはつながりません．このように，<u>「情緒価値」「共感価値」「自己実現価値」のある商品は，食べて「おいしさ価値」が発生したときにのみ，リピート購入意向が発生する</u>のです．

　価値を，競合商品との差別化と言い換えても，同様のことが言えます．「店舗の行列の長さ」や，「有名シェフのお勧め」といった差別化は，基本的にトライアル時に有効な差別性です．これらは，食べたときのおいしさによる差別化を感じなければ，その差別化は長続きしません．

　このように，トライアル／リピート購入行動を分析すると，食品の価値のなかで最も重要なのは「おいしさ価値」だということがわかります．もちろん商品の価値が，おいしさ価値だけで良いかというと決してそうではなく，「情緒価値」「共感価値」「自己実現価値」と的確に組み合わせることが必要です．情緒・共感・自己実現価値は特にトライアル購入時に大変有効です．ただし「おいしさ価値」が不十分で「情緒価値」「共感価値」「自己実現価値」だけの商品では，リピート購入にはむすびつかず，事業の長期的な継続にもつながりづらいことを理解しておきましょう．

　「今はすべての商品がおいしいので，おいしさは価値にならない．したがって，情緒価値や共感価値に力点を置くべき」，という主張を時々見かけますが，食品の事業を行う際には，これは大変危険な考え方です．情緒価値や共感価値は，おいしさ価値があって初めて生きるという点を強調しておきます．「差別性のあるおいしさ価値を持っている」こと，これが継続的な商品成功のための必要条件と考えなければいけません．

　なお，機能価値の二次機能としての「健康」「利便性」も同様に，実感があればリピート購入につながる大変重要な価値ですが，本書ではこの価値には触れません．

> **【ギフト商品】**
>
> 　ギフト商品の価値について，簡単に触れます．ギフトの場合は購入者（贈る人）と，使用者（贈られる人）が異なります．贈る人は贈られる人の顔を思い浮かべながら「相手に喜んでもらおう」という気持ちで購入します．したがって，贈られる人が「流行」や「かわいい」といった情緒価値や，「こだわり」といった共感価値を好む場合，贈る人はそのような価値を持った商品を購入します．したがって，流行が長く続いていれば，贈る人は何度もリピート購入をする可能性があります．そのため，ギフト商品の場合，自己消費に比べるとリピート購入に対するおいしさ価値の重要性は，相対的に低くなる場合があります．
>
> 　しかし，ギフト商品として長続きするためには，食べたときの価値，すなわち「贈られた側がおいしかったと思うこと」が長期的な事業継続にとって重要です．ギフト商品においても例えていうならば，虎屋の羊羹のように「こだわりも素晴らしいし，味も大変良い」という評判が定着することを目指すべきでしょう．

5.3.3 「マーケティング目標」としてのおいしさ価値

　マーケティング目標として，例えばトマト農家が，「Why：農業生産を安定化するために」「What：おいしいという価値を持ったハウストマトを」「When：3年後までに」「How much：200万円の売上を上げる」，という目標設定をしたとします．この中で「What：おいしい」は，正しい目標設定の立て方とはいえません．現在の日本では，ほとんどすべての食品は「おいしい＝まずくない」のです．お客様に対して「私の農園のトマトはおいしいです」といっても，お客様は魅力を感じません．したがって単に「おいしいトマトを作る」というのは目標としては不適当です．おいしさ価値を目標とするのであれば，自分の商品が競合と比較して，どのようにおいしさで差別化できているかを明確に言葉で示し，目標として設定する必要があります．例えば，「<u>トマト独特の香りが強く，甘味と旨味の強い</u>，トマトを作る」，というように「どのようにおいしいのか」を目標にしなければなりません．自分の商品のことを一番よく知っているのは作り手自身です．もし作り手が，おいしさにこだわったモノづくりをしているのであれば，そのこだわりをぜひ言葉にして，マーケティング目標に掲げてください．

5.4 ターゲット戦略（Who）に対応したおいしさの見える化

商品を販売，プロモーションする際は，どのようなターゲットのお客様に，商品の価値を認めてもらいたいのかを明確にし，そのターゲットに対応した，おいしさ表現を選ぶ必要があります．本節では，第4章で説明したおいしさの言葉を，ターゲットや購入行動場面（AIDMA）に対応してどのように使い分けるかを説明します．

5.4.1 トライアル／リピート購入における「直接表現」と「情報表現」の位置づけ

同じ人でも，トライアル購入時とリピート購入時では，行動が異なります．したがって，トライアル購入時とリピート購入時は別のターゲットと位置付け，おいしさの表現を変えたプロモーションを考える要があります．

食品の価値と，おいしさの言葉の関係を再度整理したものが図表5.14です．

図 5.14　おいしさ価値の表現

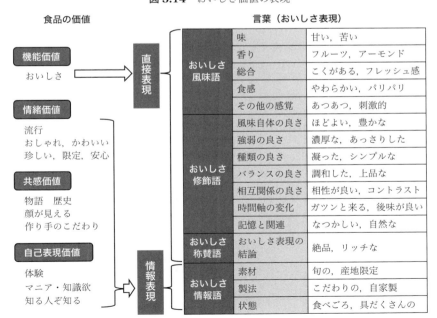

「機能価値」のうち「おいしさ」を表現する言葉は，「直接表現」の「おいしさ風味語，おいしさ修飾語，おいしさ称賛語」です．一方，おいしさ価値以外の価値，すなわち「情緒価値」「共感価値」「自己実現価値」は，すべて「情報表現」の「おいしさ情報語」で表現します．トライアル／リピート購入の場面で，おいしさ表現を使う際，この「直接表現」と「情報表現」の使い分けが大変重要です．

お客様が商品を購入する際，脳にインプットされた「直接表現」「情報表現」がどのように情報処理されるのかを，AIDMA モデルの視点も入れながら図表5.15 に示しました．

商品を初めて購入する「トライアル購入時（図表5.15 上）」は，商品を説明する「直接表現」と「情報表現」の両方の情報が脳に入り，「買いたい」と判断し，購入行動を起こします．例えば「あのラーメン店は1時間待ちの行列ができる店だ（情報表現），豚骨と煮干しダシベースなのに，上品で雑味のないダシの味らしい（直接表現）」という情報が入って，買いたい（Desire）気持ちに

図表 5.15 購入行動時の脳と記憶の働き

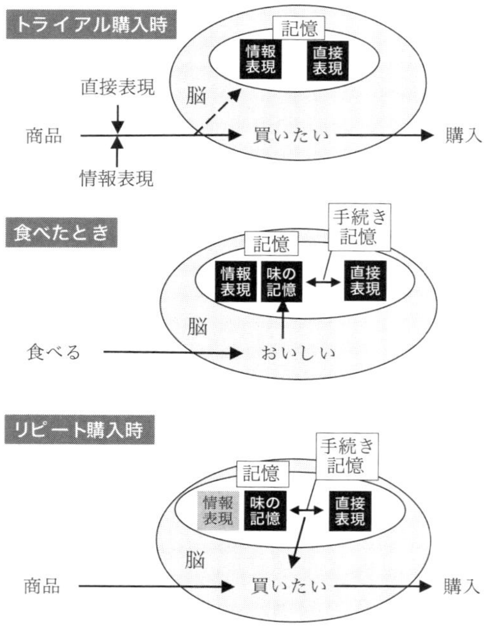

なり，行列に並びます（Action）．その際「直接表現」「情報表現」は，いずれも脳に記憶されます．

食べて（図表 5.15 中）「おいしい」と感じた場合，もし事前に直接表現を聞いていなければ，単に「おいしかった」という事実だけしか記憶されません．しかし，事前に味の特徴を説明する直接表現が，脳に入力されていれば，「おいしかった」という味の記憶と，「上品で雑味のない豚骨煮干しダシ」というおいしさの直接表現が，セットとなって脳に刻み込まれます．これは，第 2 章の図表 2.18 のソムリエのインプット学習で説明した，「手続き記憶」のことです．いったん手続き記憶として定着すれば，なかなか忘れることはありません．

数カ月後，たまたまそのラーメン店の近くに行ったとします（図表 5.15 下）．その際，頭の中に浮かんでくるのは，手続き記憶として記憶されている「豚骨煮干しダシなのに，上品で雑味のない」という直接表現と「あの味」の記憶です．おもわず口の中に唾液がこみ上げ，また行列に並ぶ可能性があります．

以上示したように，「行列ができる店」のようなおいしさの「情報表現」は，トライアル購入時には大変有効な働きをします．しかし，リピート購入時には，手続き記憶を誘発する「直接表現」の方が有効です．

また，おいしさが直接表現で見える化されていると，お客様はなぜ自分はその味が好きなのかを明確に意識することができます．「〇〇のコーヒーが好き」ではなく「〇〇のコーヒーは，ローストが浅めで苦味・酸味が弱い．また後味の旨味が濃く，何よりもほのかなベリーの香りがするから大好き」というように，なぜその味が好きか，ということを明確に言葉で意識するお客様は，結果としてその商品のリピーターになる確率が高まります．

5.4.2　マスターゲット／ニッチターゲットに対する言葉の使い分け

マスターゲットとニッチターゲットに対する，おいしさ表現の原則を図表 5.16 に示します．

マスターゲットに対してはポピュラーワードを中心に使い，ニッチターゲットに対しては，インパクトワードを多用するのが一般的です．マスターゲットのお客様の多くは商品について，それほど深い知識を持っていないので，おいしさの表現はあまり難しい言葉を使わず，できるだけよく知られている，一般的な言葉を使います．

一方，ニッチターゲットのお客様は専門知識が豊富で，その食品のことをさ

図表 5.16 マス／ニッチターゲットのおいしさワードの使い方

	マスターゲット ＜ポピュラーワード＞	ニッチターゲット ＜インパクトワード＞
味の 3 要素の バランス	味，食感に力点	香りを重視
味	甘味，旨味を重視	苦味，酸味，辛味，渋味などの特徴を説明
香り	よく知られている一般的な表現	意外性がある表現 専門性の高い表現
おいしさ 修飾語	「風味」「強弱」「種類」のよさといった わかりやすい修飾語	「バランス」「相互関係」といった専門性の高い修飾語

らに深く知りたいと思っています．したがって，専門的な言葉や，場合によっては通常では使わない言い回しを使うことで，商品に興味を持っていただき，購入につなげることができる可能性があります．

第 4 章では，おいしさの 3 要素のバランスについて「味：香り：食感＝ 1：1：1」で表現するのが基本と説明しましたが，マスターゲットに対しては「味」「食感」に力点を，ニッチターゲットに対しては「香り」に力点を置くべきでしょう．すでに何度も述べてきたように，一般的なおいしさ表現では「味」「食感」の表現がポピュラーで，「香り」の説明はそれほど多くないからです．マス／ニッチターゲットに対応した香りの表現を「吾助じゃがいも」の例を使い図表 5.17 に示しました．

図表 5.17 マス／ニッチターゲットの「香り」ワードの使い方の比較

【マスターゲット】
噛んだ瞬間鼻腔に，昔ながらのじゃがいもの香りが強く広がる．
食感はまるで上質の羊羹のようにねっとりしていて，かみしめると濃厚でこってりした甘味が口いっぱいに広がる．

【ニッチターゲット】
噛んだ瞬間鼻腔に，昔ながらの土臭いじゃがいもの香りが強く広がる．
食感はまるで上質の羊羹のようにねっとりしていて，かみしめると濃厚でこってりした甘味が口いっぱいに広がる．そして後味に，ほのかにカシューナッツのような香りが残る．

5.4 ターゲット戦略（Who）に対応したおいしさの見える化　　117

「土臭いじゃがいもの香り」という表現は，風味の特徴を正確に，強いインパクトで表現していますが，一般スーパーのPOPに表示した場合，この表現がお客様に対してネガティブに働く可能性もあるので，「昔ながらの香り」と言い換えたほうが良い場合もあります．後味の「カシューナッツの香り」も，食に強い興味を持っているお客様は，「それは面白い，食べてみてその香りを探しに行こう」と感じるかもしれませんが，一般のお客様は「イモなのにカシューナッツの香り？意味わからない！」と感じるかもしれません．このように，香りに関する専門的な表現は，諸刃の剣ともいえます．香りの表現はターゲットによって使い分けます．

おいしさ修飾語については，「心地良い」酸味，「濃厚な」旨味，といった，一つの風味の良さを修飾する「風味や強弱の良さ」の表現は，マスターゲットに対して，普通に使えます．一方複数の味を説明する，「バランス」「相互関係」はやや難易度の高い表現です．

このように，販売するターゲットがマスかニッチかに応じて，慎重においしさ表現を選ぶ必要があります．第4章で示した例でいえば，マクドナルドの紹介文（図表4.21）が，マスターゲット向けの典型的な例，パンラボの食パンの説明（図表4.18）が，ニッチターゲット向けの典型的な例だと考えます．

5.4.3　イノベーターモデル

マスターゲット，ニッチターゲットの考え方は，ターゲットをざっくり2つに分ける考え方ですが，ある商品カテゴリーに対する個々のお客様の購買態度を，もう少し細かくセグメントしたのがスタンフォード大学のE. M. ロジャース教授が提唱したイノベーターモデルです．図表5.18に示すイノベーターモデルを，ワインを例に説明します．

まず「イノベーター」はワインが大好きなだけではなく，畑や製造，ブドウの品種の知識を持ち，テイスティングする力もプロのソムリエ顔負けで，ワイナリーにもちょくちょく訪れるという，購入態度をとる人のセグメントです．この人たちは，これまでにない新しい産地や，興味をひく味があれば，何としても飲んでみたいという欲求を持った，いわゆるマニアと呼ばれる人たちです．

「アーリーアダプター」は，レストランに出てくるワインを選ぶための豊富な知識を持ち，サービスされたワインについての味の評価も十分行うことができます．ただし，イノベーターのように，ワインの知識を得ること自体に生き

第5章　おいしさを伝えるマーケティング

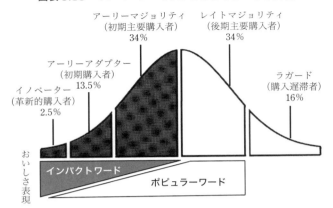

図表 5.18　イノベーターモデルにおけるおいしさ表現

がいを感じるというほどではなく，あくまで知識として深く知っているという場合が多いイメージです．

「アーリーマジョリティー」は，単にワインが好きな人たちです．産地や品種などの詳しいことについてそれほど多くの知識はありませんが，いろいろなワインを飲んでその味の違いを楽しむことができる人たちです．

「レイトマジョリティー」は，ワインがそれほど好きではありません．どうしても飲まなければいけない状況であれば飲みますが，わざわざ自分から進んで飲もうとはしない人です．最後に「ラガード」はワインが基本的に興味がなく，勧められても飲まない人です．

特に新しい価値の商品やサービスを提供しようとするときは，お客様を，上記のイノベーターモデルのセグメントに分けて，それぞれに応じた最適なプロモーションを行うことが重要です．おいしさ表現は，おいしさを商品価値として認めてくれる可能性のある人を対象に行うものなので，ラガードのようにその商品に興味がない人や，レイトマジョリティのような積極的に購入しない人は基本的にプロモーションの対象から外します．

次に具体的な表現方法ですが，イノベーター，アーリーアダプター，アーリーマジョリティの3層に対するおいしさ表現の原則は，図表5.18の左に行くほどインパクトワードを多く使用し，右に行くほどポピュラーワードを多く使用するのが原則です．

図表5.19にワインのこの3層に対する表現例を示しました．

5.4 ターゲット戦略（Who）に対応したおいしさの見える化　　119

図表 5.19　イノベーターモデル重点 3 層向けのおいしさ表現例

＜イノベーター向けの表現＞
カシスやチェリー，クローブやアニス，リコリスの香りがあり，華やかで豊かな果実味．樽のニュアンスや森の土の香りも特徴的．後半からヨードや，やや強めのタンニンが主張して力強く上品な味わい．

＜アーリーアダプター向けの表現＞
カシスやチェリーの香りと，クローブなどのスパイス，樽の香りのバランスが素晴らしく華やか．やや強めのタンニンが主張して，力強く上品な味わい．

＜アーリーマジョリティ向けの表現＞
カシスやチェリーなどのフルーツとスパイスの華やかな香り．力強い渋みもあり，上品な味わい．

イノベーターは新しい魅力を常に求めていますので専門性や新規性のあるインパクトワードで商品の魅力を説明します．

アーリーアダプターもそれなりの専門用語を使わないと満足できませんが，あまり難しい用語は消化不良を起こす可能性があります．図表 5.19 の例でいえば「樽の香り」「タンニン」といったワインの用語の中でも，比較的重要でよく使われる専門用語は理解できますが，アニスやリコリスといった日本人になじみのないハーブ，ヨード，森の土の香りといったワインのイメージとややかけ離れた言葉を使う場合は注意します．

アーリーマジョリティには，少しだけインパクトワードをからめつつ，基本的にはポピュラーワード中心に表現します．具体的には「カシス」「チェリー」といったなじみのあるフルーツ，「スパイス」「力強い」「渋味」といった通常の食品でもよく使われる言葉です．アーリーマジョリティにとって，この文章でのインパクトワードは「スパイス」です．スパイスは一般の日本人のワインのイメージとはやや異なる表現なので，この層には，十分インパクトがある表現です．

このように「インパクトワード」は，お客様のセグメントにより異なります．図表 5.19 の例でいえば，イノベーターにとってのインパクトワードは「アニス，リコリス，森の土，ヨード」，アーリーアダプターにとっては「クローブ，強めのタンニン」，アーリーマジョリティーにとっては「スパイス」などでしょう．このように想定するターゲットに応じて，インパクトワードとポピュラーワードの使い分けを，きめ細かく精査しながら文章を作ることが重要です．

5.5　商品戦略（What）とおいしさの見える化

　本節では，商品に関連したおいしさの表現について説明します．商品自体のパッケージ上でおいしさを表現するのは，「商品名」「ボディーコピー」などですが，「ボディーコピー」は第4章の200文字程度の表現で対応できるので，ここでは商品名を使ったおいしさの見える化について説明します．また，商品戦略を考える場合，商品コンセプトや品質の違いを明確にするため「ポジショニングマップ」と呼ばれる手法を使うことがありますので本節で説明します．

5.5.1　商品名（ネーミング）

　風味を表現した単語を商品名にすると，具体的な風味の特徴をお客様に記憶していただく効果が大きく，大変有効です．商品名は一般に10文字程度で表現するので，おいしさ特徴のうち最も重要な点を示す単語1つを選んで作る必要があります．もしここで，強いインパクトのある表現を使うことができれば，他の商品と明確な差別性を持ち，商品のおいしさの特徴がお客様の脳に手続き記憶やエピソード記憶として刷り込まれる効果が得られます．

　ネーミングにおいしさ表現を使った例を図表5.20に示しました．

図表5.20　商品名でのおいしさ表現例

シャキシャキレタス
（掲載の画像は2019年7月現在）
㈱セブン-イレブン・ジャパン

淡麗　極上〈生〉

キリンホールディングス㈱

「シャキシャキレタス」は，商品の食感の特徴を商品名に使った例です．「シャキシャキした食感のレタス」という表現自体はそれほどインパクトがある表現とはいえません．にもかかわらず，これらの表現がネーミングとして成功した理由は何でしょうか？　サンドイッチは「ハムサンド」「卵サンド」など，メイン食材名を商品名に使うのが一般的で，レタスという食材はどちらかといえばわき役でした．これに対してこのネーミングでは，レタスを主役とし，レタスがシャキシャキしていることを表現したことがお客様に大きなインパクト，すなわち差別化を与えたと思われます．「シャキシャキのレタス」というポピュラーワードの表現も「シャキシャキレタス」という商品名にすることでインパクトワードに生まれ変わったといえます．

ビール系飲料の「淡麗　極上〈生〉」は，味の特徴を商品名にした例です．これまで「淡麗」は日本酒の風味表現として専門家だけが使う表現で，通常「たんれい」と言えば，顔かたちが整って美しいことを意味する「端麗」という言葉が一般的でした．そのような中，日本酒業界の人だけが使っていた「淡麗」という表現をビール系飲料の商品名に使った結果，「淡麗」はインパクトワードとしてお客様に伝わり，商品の成功につながりました．

このように，あまり一般的でない表現を使ってインパクトを出す方法は有効です．ただし，一般的でない表現を特にマスターゲットで使う場合は，その表現をパッケージデザインやプロモーションと有機的に統合した，トータルのコミュニケーション戦略により，新しい言葉を定着させていく必要があります．この戦略が不十分だと，言葉がマスターゲットに定着せず，失敗に終わるリスクもあるので注意が必要です．

5.5.2　おいしさのポジショニングマップ

ポジショニングマップとは「商品／サービスの差別化ポイントを明確にするため，自社品，競合品の商品／サービスの特徴を，2次元のマップで表現したもの」です．縦軸，横軸は「価格」「ブランドイメージ」「品質特徴」など，さまざまに設定します．

特に商品の風味の特徴を説明する場合は，ポジショニングマップの縦軸，横軸を風味の要素に置き換えたものが使われます．

図表 5.21 は，日本酒の味のポジショニングマップです．このマップでは，縦軸に「香りの強弱」，横軸に「味の濃淡」をとっています．その結果 4 分割されたマップの，右上，右下，左上，左下を，それぞれ日本酒の代表的なタイプとして示しています．日本酒 A は味も香りも濃いタイプ，日本酒 B は香りが強いが味はあっさりしているタイプ，日本酒 C は味はやや濃いが香りは中程度，というように表現できます．このポジショニングマップ上は具体的な商品も配置することができるので，お客様はそれぞれの日本酒の特徴を，全体の中から把握することができます．

日本酒には図表 3.14 のフレーバーホイールで示したように，香りの種類だけでも多くの種類・表現があり，現実には複雑で深い世界です．しかし，ポジショニングマップを使うと「味の濃淡」と「香りの強弱」という 2 軸で単純に説明することができます．日本酒の味をこれから勉強したい，でも，種類がたくさんありすぎてどのように味わって良いかよくわからない，という比較的初心者のお客様に対して，日本酒の全体像を把握し，自分はどのポジショニングのものが好きかを把握するために，ポジショニングマップは有効なマーケティングツールです．ポジショニングマップはイノベーターモデルでいえば，アーリーマジョリティ向けの説明といえるでしょう．

一方，フレーバーホイールのような詳細な分類は，もっと詳細な味の表現を知りたいという，イノベーターやアーリーアダプター向けです．

このように，ポジショニングマップは，そのカテゴリーの食品の味の個性を

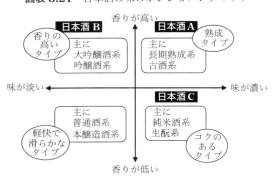

図表 5.21 日本酒の味のポジショニングマップ

日本酒サービス研究会　酒匠研究会連合会（SSI）による
「日本酒の香味特性別 4 タイプ分類」を元に作成

どのように優先順位付けするか，という作り手の思想や，市場全体の嗜好の変化・動向も影響しています．

図表 5.22 は，一般社団法人日本ソルトコーディネーター協会の青山志穂氏が提案する，塩のポジショニングマップです．横軸のしょっぱさの強弱は一般的ですが，縦軸に風味要素ではない，粒の大きさを置いているところがユニークです．塩は調味料として用いられ，料理と組み合わせたときの使い勝手を示すために，あえて粒の大きさという軸を使ったのではないかと思います．

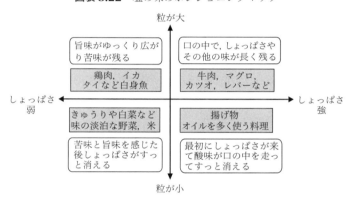

図表 5.22 塩の味のポジショニングマップ

青山志穂，あさ出版「日本と世界の塩の図鑑」2016 年

ポジショニングマップは，その食品の味の特徴と，自社商品の風味の位置づけをわかりやすくお客様に伝える有効な手段です．現在ポジショニングマップがない食品についても，おいしさの軸とポジショニングマップを作り，その食品の風味のバラエティを世の中に提案してみてはいかがでしょうか．

5.6　価格戦略（How much）に対応したおいしさ表現

商品を購入する最終的な決め手は価格と価値のバランスです．お客様が商品に対して価値を認めれば，多少価格が高くても購入につながります．おいしさの見える化のマーケティング上の目的は，商品の価値を伝えることですが，おいしさの価値をお客様に理解していただき，少しでも高い価格で買っていただ

くことが目的になります．

　価格が高いということは，付加価値が大きいということなので，この付加価値を言葉にしなければなりません．おいしさの付加価値，すなわち競合品よりもおいしいということを言葉で表現するためには，ポピュラーワードよりも，インパクトワードが有効です．インパクトワードの説明で使った，トマトの例を図表 5.23 に再掲します．

図表 5.23　付加価値を付け

低付加価値表現 （ポピュラーワード）	高付加価値表現 （インパクトワード）
・甘味と酸味のバランスが良いトマト ・甘いトマト	・糖度が 10 度のトマト ・旨味の強いトマト ・爽やかな青い香りのあるトマト

　「甘味と酸味のバランスが良い」という表現は，トマト自体の付加価値を表現する言葉としては，ありきたりでインパクトが足りません．付加価値を表現するためには，通常ではあまり使わない表現をあえて使う必要があります．例えば「糖度 10」というように，実際の数字を出すことは付加価値につながります．また，トマトの説明で甘味，酸味に比べて比較的使われることの少ない，旨味を強調することで高付加価値表現となる可能性があります．そして重要なのは香り表現です．「トマトの青い香り」は嫌う人がいるかもしれませんが，特徴を出すためにあえて「爽やかな青い香り」と表現することで付加価値が高い感じがします．

　商品の付加価値を上げたいときは，値段が高い理由を「おいしさ情報表現」で説明すると，より効果が上がります．お客様は糖度 10 で 680 円のトマトを見たとき，「このトマトは糖度が高いから高価なのはわかった．でも糖度が高いとなぜ値段も高くなるの？」，という漠然とした疑念を感じるでしょう．そこに答えを出してあげるのが，製法や素材のこだわりを伝える「おいしさ情報表現」の役割です．「生まれ故郷のアンデスの環境に近づけるよう，必要最小限の水と肥料で丁寧に育てた，糖度 10 の甘いトマト」といった表現をすることで，「栽培に手間がかかっている」⇒「だから値段が高い」⇒「値段が高いけれど美味しい」というストーリーがお客様の頭にすんなり入っていきます．

5.7 プロモーション戦略（How）で見える化するおいしさ

プロモーションは，お客様の購買意欲を喚起する活動です．図表5.11で示したように，お客様においしさ価値を，言葉と映像に乗せて様々な媒体経由で伝えます．本節では「店舗（売り場）」や「メディア」という媒体を使いながら，効果的においしさをアピールする方法を，具体的に説明します．

5.7.1 売り場でのおいしさ表現

売り場には様々な商品が並んでいます．したがって商品の魅力をごく短時間でお客様に伝える仕組みが必要です．売り場に来たお客様が「これはきっとおいしいに違いない」という想像力を掻き立てられ，その結果「どうしても食べてみたい」という衝動を感じていただく必要があります．

もう一つ重要なポイントは差別性の提示です．売り場には様々な商品がそれぞれの魅力をアピールして並んでいます．したがって，この商品が他の商品とどのように違って魅力的なのか，すなわち差別性がどこにあるのかを表現しなければなりません．

図表5.24に，おいしさを表現するための，売り場の種類と伝達ツールを示しました．店舗は，スーパー，コンビニのような無人販売と，路面店，百貨店のような有人販売に分けられます．無人販売では物によるおいしさ表現しかできませんが，有人販売では物に加えて人によるおいしさ表現もできます．その他にEC（通信販売）ではWebサイトで表現します．

図表5.24 おいしさを表現する売り場の伝達ツール

場　所	方　法	伝達ツール
店頭	物による表現	プライスカード，POP ポスター，タペストリー 店外看板，黒板 デジタルサイネージ
	人による表現	声かけ 商品説明 試食販売
EC（通信販売）		Webサイト

（ア） 無人販売

無人販売での伝達ツールとしては，商品のそばに配置するプライスカード，POP，デジタルサイネージ（液晶画面での動画表示），店内に配置するポスターやタペストリー，屋外に置く看板や黒板などがあります．ここではプライスカードとポスターを例においしさの表現の仕方を説明します．

1） プライスカード

プライスカードは一つの商品に必ず一つ付けるツールです．例として，図表5.25に，第1章でとりあげた吾助じゃがいものプライスカードを示しました．ここでは商品説明の文字数が98文字となっていますが，プライスカードの文字数としてはこれくらいが最大文字数です．売り場の大きさや，全体の雰囲気により20〜30文字くらいしか使えない場合もあります．この文字数の中で商品の価値を最大限伝えるのが，プライスカードの機能です．

図表5.25の文章では，最初においしさ情報表現である吾助じゃがいもの来歴，すなわち産地と歴史を簡潔に説明しています．そのあと49文字で「土臭いじゃがいもの香り，ねっとりした食感，濃厚でこってりした甘味，ほのかなカシューナッツの香り」というおいしさの直接表現を，続いて35文字で「山あいの村の日当たりの良い急斜面の畑」というおいしさ情報表現が記されています．そして文の最後に14文字で示された「だからこそ生まれた風味です」で，情報表現と直接表現の関係性を表現しています．このように，情報表現として栽

図5.25　プライスカード（例）

```
山里県　谷川村産
吾助じゃがいも
谷川村に江戸時代から伝わる伝統野菜．
土臭いじゃがいもの香りと，ねっとりした食感．
濃厚でこってりした甘味とほのかなカシューナッツの香り．山あいの村の日当たり良い急斜面の畑
だからこそ生まれた風味です．

348円
```

培環境を示すことで「山あいの急斜面で苦労して育てたんだな，だからおいしいんだな，そして値段も少し高いんだな」とお客様に思っていただく構成にしています．

直接表現と情報表現の使い方を比較するため，吾助ジャガイモのプライスカードを例に，各種表現の比較をしました（図表 5.26）．

図表 5.26 プライスカードでの直接表現と情報表現の使い方

＜直接表現のみ＞
口に入れると昔ながらの土臭いじゃがいもの香りが口いっぱいに広がります．上質な羊羹のようなねっとりした食感，かみしめると濃厚でこってりした甘味．後味にほのかなカシューナッツの香りがします．

＜情報表現のみ＞
谷川村で江戸時代からつたわる伝統野菜．古くから山あいの村の日当たりの良い急な斜面で大事に育てられてきました．ミシュラン二つ星のフレンチレストランのシェフが認めたおいしさ．今話題のじゃがいもです．

＜直接表現と情報表現のミックス＞
谷川村に江戸時代から伝わる伝統野菜．土臭いじゃがいもの香りとねっとりした食感．濃厚でこってりした甘味と，ほのかなカシューナッツの香り．山あいの村の日当たり良い急斜面の畑だからこそ生まれた風味です．

直接表現のみの場合は，「ねっとりとした羊羹のような」というインパクトワードが追加され，併せて時間軸の味の経過をより明確に説明できますが，全体としてみると単調な表現です．ワイン売り場なら良いですが，野菜売り場のプライスカードとしては「ちょっと怪しい」感じもします．

一方，情報表現のみの場合は，今話題の商品ですよ，というように流行すなわち情緒価値に訴える表現になっています．流行という価値はトライアル購入に対しては有効ですが，野菜売り場で流行だけを訴求されても，「それはわかったけれど，だからなぜ私がこのジャガイモを買わなければならないのか」という点がお客様には想像できません．店頭の短い時間で「お客様の想像力・衝動を喚起する」ためには，直接表現と情報表現をバランスよく組み合わせ，ストーリー性のある短い文章で表現することが重要です．直接表現と情報表現の比率は 7：3〜5：5 程度とするのが一般的です．

2) ポスター

続いてポスターでおいしさを表現した例を図表 5.27 に示しました．ポスターでは，メインコピー，セカンドコピー，説明文というように，優先順位をつけた表現ができます．したがって，まずお客様に伝えたい商品の魅力を 1 つだけに絞り込み，メインコピーで表現することが重要です．絞り込む際は「最も他と差別化できる魅力を選ぶ」のが原則です．吾助じゃがいもの風味の特徴は，土臭い香り，ねっとり食感，こってりした甘味，カシューナッツの香りなどですが，食感や甘味を差別化ポイントにしたじゃがいもは，他にもたくさんあります．これに対して，香りをアピールポイントにしたじゃがいもはあまりないため，メインコピーで「ジャガイモの香り」に注目させ，セカンドコピーで「土の香り，カシューナッツの香り」を表現しました．

図表 5.27　ポスター（例）

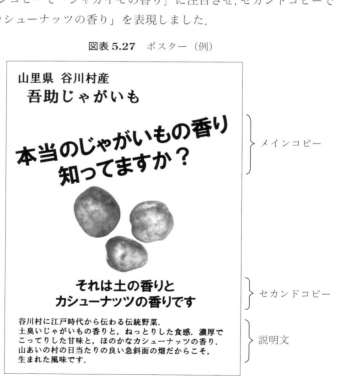

（イ）有人販売

次に，売り場に販売員がいる有人販売のおいしさ表現ツールです．有人販売の場合は，これまで述べてきた物のツールによる表現に加えて，販売員による「声かけ」（一方的に商品の説明を呼びかける），「商品説明」（お客様と対話しながら説明する），「試食」（おいしさを体験していただく）という人による伝達ツールを使うことができます．この3つのツールの目的と，AIDMA での位置づけを，図表 5.28 に示しました．

図表 5.28 有人販売の伝達ツール

販促ツール	目　的	AIDMA 分類
声かけ	「なんだろう？」と注意を引く	Attention（注意）
商品説明	商品を理解してもらい 買いたい気持ちを誘発する	Interest（興味） Desire（欲求）
試食販売	体験してもらい 買いたい気持ちを誘発する	Interest（興味） Desire（欲求）

「声かけ」は，たくさんの商品が並んでいる売り場で，まずその商品に注意を引き付ける Attention の効果があります．「商品説明」「試食」はともに，商品を理解して買いたい気持ちを誘発する目的（Interest, Desire）です．また，試食販売は商品の味を実際に体験することにより，その味を気に入れば，興味（Interest）や欲求（Desire）をかなり高める効果があります．

有人販売では，どのような伝達文章が，お客様の購入を誘発するかをその場で確認し，お客様の反応を見ながら，その場で表現方法を変えることができる，というメリットがあります．ここで得られた「なにがお客様の反応が良い表現か」という知見は，販売員個人のノウハウにせず，他の販売員やマーケティング，開発部門など全社共有することも重要でしょう．

1）声かけ

「声かけ」はお客様の注意を引くことを目的に行います．販売員が声かけで伝える内容・文章は，個人の販売員任せにするのではなく，事前に準備しておかなければなりません．声かけは基本的にワンフレーズで表現・伝達しなければならないので，使える文字数は最大 30 文字前後です．30 文字のワンフレーズだけで，歩いているお客様の注意を引かなければならないので，どんな言葉

図表 5.29 声かけ表現例

```
＜直接表現のみ＞
  ○・香ばしくて甘味たっぷりの，吾助じゃがいもはいかがですか？
  ○・ねっとり食感こってり甘味の，吾助じゃがいもはいかがですか？
  △・本当のじゃがいもの香りが楽しめる，吾助じゃがいもはいかがですか？
  ×・土とナッツの香りのする吾助じゃがいもはいかがですか？

＜情報表現のみ＞
  ○・山里県谷川村伝統野菜のじゃがいもはいかがですか？
  ○・二つ星レストランで使われている，今話題のじゃがいもはいかがですか？
  ×・谷川村の日当たりの良い斜面で育てられた，吾助じゃがいもはいかがですか？

＜直接表現と情報表現のミックス＞
  △・山里県産の，香りと旨味が素晴らしい吾助じゃがいもはいかがですか？
```

で伝えるか，じっくりと精査して決める必要があります．

　図表 5.29 に声かけで，吾助じゃがいもを表現する例を評価とともに示しました．まずおいしさの直接表現です．すでに述べたように，吾助じゃがいものインパクトワードは，土とカシューナッツの香りです．しかし，この言葉だけを単独で切り離し，スーパーの店内を歩いているお客様に対して，「土とカシューナッツの香りのするじゃがいも」とだけ伝えた場合「なんのことだかよくわからない」「土とナッツの味のじゃがいもといわれても，なんか気持ち悪い」，という反応になる可能性が高いでしょう．それよりも，「香ばしくて甘味たっぷり」といったポピュラーワードの方が，インパクトがないものの単純においしそう，というように注目を引く可能性があります．また，「ねっとり食感，こってり甘味」といった韻を踏んだことばも，声かけワードとして悪くない表現です．このように，不特定多数のお客様を対象にする声かけの場合は，インパクトワードの取り扱いは注意が必要でしょう．

　続いて情報表現ですが，「谷川村の伝統野菜」「今話題のじゃがいも」というのは，一般的に興味を引く表現なので，声かけワードとしては悪くありません．一方，「日当たりの良い斜面で育てられた」は，このじゃがいもがおいしくなる理由ではあるのですが，この言葉だけ単独で切り離されても，何を言っているかよくわからず，声かけワードとしては不適です．

最後にミックス表現ですが，100文字使えるプライスカードでは適当でも，30文字しか使えない声かけ表現では，言いたいことが中途半端にしか伝わらず，あまり適当な表現ではありません．

このように，声かけワードは，「不特定多数が対象」「まず注意を引き，売り場に近づいてもらうことが目的」という観点で，十分に吟味して文章をつくる必要があります．そして事前に準備した，いくつかの文章を現場で試してみて，より効果のあった文章を使っていく対応が必要です．

2) 商品説明

有人販売の店舗では，お客様と1対1の会話ができるので，より詳しく商品の魅力を説明できるメリットがあります．1対1の会話では，お客様の反応を見ながら，お客様が興味を持ちそうな話を選ぶこともできるし，お客様からの質問に答えることもできます．一方，お客様は興味がなければすぐに売り場を離れていく可能性もあります．したがって，販売員は，あらかじめ，いくつかの商品説明フレーズと説明フローを準備をしておき，お客様の反応を見ながら，その都度フレーズを変えていく能力が必要になります．

図表5.30に事前に準備する商品説明フレーズのフロー例を示しました．このように事前に用意するのは文章ではなく，商品説明のキーワードフレーズをフローチャート化した図です．お客様は興味がなければ売り場を離れたいとい

図表 5.30 商品説明で準備するフレーズとフロー（例）

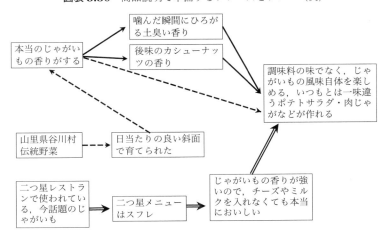

う気持ちも持っているわけですから，販売員は長々と説明してはいけません．そこで，図表5.30で示した短いフレーズを事前に準備し，お客様が興味を示せば次々とフレーズをつないでいくといった対応を取ります．例えば，まず初めに「このじゃがいもは本当のじゃがいもの香りがするんですよ」と話し，お客様が「本当のじゃがいもの香りって？」という顔をされたら，「噛んだ瞬間の土の香りと，後味のカシューナッツのような香りなんです」，と続けます．お客様がさらに興味を示した場合，「じゃがいもの味が強いので，いつもとは一味違った，肉じゃがやポテトサラダが作れますよ．いかがですか？」，と直接的に購入を勧めることができます．

　販売員は，このような商品説明の流れを，複数用意しておく必要があります．その店のお客様が，どうも「ジャガイモの本当の香り」というフレーズに食いつきが悪いようであれば，「谷川村の伝統野菜」や「今話題のじゃがいも」から始める，別のストーリーでチャレンジしてみます．いずれのストーリーも最終的においしさの訴求につなげます．

　お客様の興味は，人によりさまざまです．そして，売り場を歩いている人の属性も店舗や時間帯によって変わります．したがって販売員は複数のストーリーを事前に用意しておき，その日の売り場の状況でいくつかのパターンを試してみて，販売しながら一番購入につながりやすいストーリーに，収斂させていくといったテクニックが重要です．

　なお，図表5.30のような商品説明の基本フローは，販売員が考えるのでなく，もともと商品コンセプトを十分理解している，マーケティング担当や商品開発担当が事前に準備すべきものでしょう．現場の販売担当は，自分でストーリーを考えるのではなく，準備された資料に基づき，現場のお客様の状況へ対応することに徹するべきでしょう．また，実際の現場で効果のあったフレーズや，ストーリーをマーケティング担当に，フィードバックするという仕組みができていれば，事業者全体としての，おいしさの説明力はさらに向上します．

3）　試食販売

　試食販売の場合も，販売員が商品説明をする流れは，「商品説明」と基本的に変わりません．ただし，試食販売は，おいしさの見える化の観点から，特に重要なことがあります．それは，お客様が試食された際，おいしさの差別化ワードを必ずお伝えすることです．吾助じゃがいもの例であれば，「じゃがいも

の本来の土臭い香りと,カシューナッツのような後味がしますよね」という一言です.お客様が商品を食べて「確かにちょっと普通と違う味がする」と感じた瞬間に,お客様の目を見てお伝えします.そこで,お客様自身が土の香りとカシューナッツの香りを感じ,販売員の説明に共感することができれば,吾助じゃがいもの最大の特徴である,「じゃがいも本来の香りのする,おいしいじゃがいも」を,売り場にいながら手続き記憶として,お客様の脳に定着させられる可能性が高いからです.

したがって,試食販売をする場合マーケティング担当は,おいしさの差別化ワードを事前に必ず販売員に伝え,かつ販売員自身がその言葉,例えば「土の香りとカシューナッツの香り」を脳と舌で完全に理解しなければなりません.その上で,販売員がおいしさの差別化ワードを,上手にお客さまに伝えることができれば,その場のトライアル購入だけでなく,リピート購入につながり,試食セールの効果がより大きいものになる可能性があります.コストをかけて試食セールをする以上,リピート購入も意識した対応が必要です.

(ウ) EC(通信販売)

もう一つの重要な売り場は,近年市場が拡大しているEC(インターネット通信販売)です.ECはWebサイトを作れば,誰でも簡単に参入できる流通経路だが,参入者が非常に多いため,自分が開設したWebサイトにお客様を到達させるのは容易ではなく,開設してもまったく売り上げが上がらないこともしばしばです.したがってECを成功させるためには,SEO対策(自社サイトが検索で上位に来る仕組み)とともに,Webサイト自体の表現力を上げ,魅力ある情報伝達を行う取り組みが重要です.

Webサイトによる情報伝達は,店頭と異なり基本的に盛り込める情報の量の制約がないため,作り手が伝えたい情報を自由に盛り込めるメリットがある一方で,お客様の反応を見ながら表現を変えることができない,というデメリットがあげられます.またWebでは,お客様が興味ないと感じたら簡単に画面から離脱されてしまいます.したがって,Webマーケティングではお客様が魅力を感じるWebサイトを作り,画面から離脱させない工夫が重要です.

おいしさなどの商品説明に対する注意点は,Webサイトも店頭接客と根本は同じで,「お客様の知りたい情報を伝える」という点が重要です.しかし,Webサイトではお客様の反応を見ながら,その都度商品説明の内容を変更す

るということができないため,事前に「お客様が知りたい情報」を十分予測したWeb画面の設計をしなければなりません.Web画面の制作は作り手がパソコンの画面を見ながら行うため,どうしても作り手目線になりがちです.したがって,店頭販売をする時よりも一層,マーケティング共通原則の「お客様視点」を意識して行わなければなりません.

具体的な画面設計については,いろいろなノウハウが提案されていますが,本書では『『売れるネットショップ開業・運営　新100の法則』坂本悟史,川村トモエ（2010）インプレスジャパン」で提案されているフレームワークに基づき,Webサイト画面上で,どのようにおいしさを見える化するかを説明します.図表5.31に,吾助じゃがいもをアピールするWeb画面の構成を設計した例を示します.

坂本・川村両氏は,Webの画面設計で必要な要素を,Benefit（購入メリット）,Evidence（論拠）,Advantage（差別性）,Feature（様々な特徴）の4つを挙げ,それぞれの頭文字をとり「BEAF」というフレームワークを提案しています.Webの画面は基本的に上から下へ,どんどんスクロールしていく構成になっているため,お客様は上部画面から読み始め,興味があればどんどん下方向にスクロールしていきます.そして興味がないと思った時点で,即座に画面から離脱します.この特性を踏まえ,両氏はECのWeb画面作りの原則として,「BEAFの順番で説明していくこと」が,最も離脱を防ぎ,価値を伝えやすい方法であると提案しています.図表5.31では吾助じゃがいもをBEAFの原則に当てはめた表現方法を具体例で示しています.

図表 5.31　Web画面設計の枠組みとおいしさの表現例

Web画面設計の枠組み		具体例
Benefit	購入メリット	じゃがいもの常識を変える 今までにない香りと旨味
Evidence	論拠	山里県谷川村の伝統野菜 山あいの日当たりの良い斜面で苦労して育てられている 二つ星レストランの人気メニュー
Advantage	差別性	噛んだ瞬間に広がる土臭い香り 後味のカシューナッツの香り 上質の羊羹のようなねっとり感
Feature	様々な特徴	じゃがいもの風味をメインで楽しめる これまでとは一味違うベイクドポテト・ポテトサラダ・肉じゃがなどが作れる

5.7 プロモーション戦略（How）で見える化するおいしさ

　最初に，じゃがいもを買った場合のお客様の購入メリット（Benefit）を述べます．これは売り場での声かけと同様，いわばお客様のつかみをとる言葉ですが，Web画面の場合，売り場よりもややオーバーな強いインパクトのある表現を使うことが多いようです．例えば「じゃがいもの常識を変える」といった表現です．有人の売り場の場合は，販売員の明るい元気な声の張り等で，インパクトを出すこともできますが，Web画面では言葉の表現だけでインパクトを出す必要があるからです．このステップで，インパクトのある写真を使う方法もあります．料理やケーキのように，見ただけでおいしそうという表現ができる場合，写真での表現は大変有効です．ただし，じゃがいもの場合，写真でそこまでの表現は困難なので，ここでは言葉の表現を使いました．その場合，本章の冒頭で述べた「優良誤認による不当表示」とならないように十分に注意します．

　続いて，今までにないおいしさの論拠（Evidence）として「伝統野菜」「じゃがいもを育てる環境」「二つ星レストランで人気」といった，「おいしさの情報表現」を記載します．ここでは文章表現と同時に，谷川村の風景写真や，山の斜面のじゃがいも畑や収穫風景，生産者の写真などを載せると良いでしょう．さらに，許可が取れれば二つ星レストランの写真を是非載せたいところです．

　次に差別性（Advantage）として「噛んだ瞬間に広がるじゃがいも本来の土の香り，こく深い甘味と，上質の羊羹のようなねっとりした食感，後味に広がるカシューナッツのような香り」といった「おいしさの直接情報」を詳細に説明します．味の説明の補強として，時間軸で味を説明するチャートや，競合品（男爵やメイクイーンなど）と比較したポジショニングマップを載せるのも良いでしょう．

　最後に購入を後押しする様々な特徴（Feature）です．じゃがいもの場合はあくまで素材であり，お客様が何らかの調理をしなければなりません．したがって，調理例やレシピを示したうえで，吾助ジャガイモを使うと料理がこれまでより，どのようにおいしくなるかを説明します．例えばポテトサラダであれば，「マヨネーズではなく，サラダオイルと少量の酢・塩と合わせることで，ヘルシーでこれまでに味わったことのない，香り豊かなポテトサラダが出来上がります」といった説明です．

　このように，Web画面設計では，お客様が本当に知りたい情報を，途中で離脱されないように，メリハリをつけながら伝えることが重要です．本書で繰

り返し述べてきたように，食品の本質的な価値はおいしさです．したがって，商品の持つ様々な情報を，最終的においしさ価値につなげるように画面設計を行ってください．

5.7.2　メディアを使ったおいしさ表現

図表 5.32 に，メディアを使ったプロモーションの特徴を示しました．メディアには，CM のように制作媒体費用を商品の作り手が負担するものと，パブリシティによる雑誌掲載や SNS のように，商品の作り手には基本的に制作媒体費用がかからないものがあります．また，制作を，外部の制作者に委託する CM やパブリシティと，自分で制作する SNS 投稿の違いがあります．

図表 5.32　メディアを使ったプロモーション

メディアの内容	制作媒体費用	制作作業
CM チラシ	商品の作り手側が負担	外部
パブリシティ 　プレスリリース・取材（内部） 　⇒　雑誌，新聞，番組（外部）	メディア側が負担	
SNS 投稿		内部

（ア）　CM，チラシ

CM やチラシでは，一般的に費用を払って外部に制作を依頼します．制作物の品質を上げるには依頼者から制作者への情報の伝達作業，いわゆるオリエン（オリエンテーション）が重要です．良い表現を制作してもらうためには，依頼者は制作者に，さまざまな情報を伝えなければなりません．CM などのオリエンで制作者に伝えるべき情報のさまざまな要素を，吾助じゃがいもを例に図表 5.33 に示しました．

依頼者が制作者に，まず伝えなければならないのは「この CM でお客様に何を訴求するか」という訴求ポイントです．CM はわずか 15 秒の映像ですので，訴求ポイントは一つに絞り込み，発注者から制作者に伝えなければなりません．図表 5.33 の例の訴求ポイントは「吾助じゃがいもは，本当のじゃがいもの香りがすること」になっています．

最高の CM を作るために，制作者は吾助じゃがいもに関するさまざまな周

5.7 プロモーション戦略（How）で見える化するおいしさ　　137

図表 5.33 オリエンで依頼者が制作者に伝えるべき情報（例）

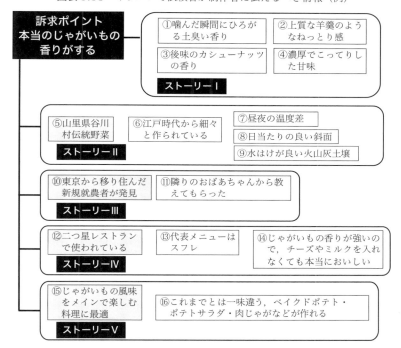

辺情報を使って「どのように訴求ポイントを表現するか」というCMの内容を考えます．そのために，発注者はオリエンで，吾助じゃがいもの訴求ポイントである「本当の香りというおいしさ価値」につながる情報を極力数多く伝える必要があります．図表5.33には，オリエンで制作者に伝えるべき情報を①〜⑯の順に記載しています．依頼者は制作者に対してこの情報をすべて伝える必要があります．なぜなら制作者は依頼者が指示した「本当のじゃがいもの香り」という訴求ポイントを表現するため，与えられた情報のなかから，もっとも良い情報を選択し，CMのストーリーを制作しなければならないからです．実際に15秒のCMで伝えられることはごくわずかです．しかし，CMの場合は言葉だけでなく映像も使って伝達できます．そこで制作者は，どのような映像や言葉を使ったら，訴求ポイントの「本当のじゃがいもの香り」が伝わるのかを，与えられた材料の中から考えストーリを作ります．図表5.33には考え

られるストーリーの候補を I〜V まで併せて示してあります．もちろんこのストーリーを考えるのは制作者ですので，依頼者は単に①〜⑯の情報を出すだけで十分です．

CM の場合，必ずしもストーリー I のような味の直接表現が有効とは限りません．例えばストーリー III は，プライスカードに記載する情報とすれば不適切ですが，CM の場合は「新規就農者が，隣のおばあちゃんからじゃがいもをもらって，その香りに驚く」といった，おいしさ訴求につなげる CM ストーリーになるかもしれません．このように，依頼者は，関連する様々な情報を制作者にわたし，あとは制作者のクリエイティブの力に期待するわけです．

なお，ここでは CM 制作を例に，外部へのプロモーションツール制作依頼（オリエン）の方法を説明しましたが，例えば「パッケージデザインをデザイナーに依頼する」「売り場のディスプレイをコンサルに依頼する」場合でも，オリエンでの制作者の情報伝達の方法は同様です．外部の専門家に依頼する場合は，「訴求ポイントは依頼者から指示する」「関連情報をできるだけたくさん伝える」という点に留意してください．

(イ) パブリシティ

自分で制作や媒体の費用を払わず，雑誌，新聞，テレビ番組などに取り上げてもらうマーケティング手法を，パブリシティと呼びます．パブリシティは CM と異なり第三者からの発信なので，お客様からの信憑性が高く CM より効果が大きい場合もあります．

パブリシティを仕掛ける場合は，図表 5.34 のようなプレスリリースを作成し，各出版社に送付または，記者クラブに持参するのが一般的です．

各社から送られたプレスリリースは，雑誌の編集者や新聞記者が目を通します．彼らは自分の編集方針や興味にしたがって記事を書くので，大量に

図表 5.34　プレスリリースの書式（例）

ある中から自分の興味のあるもののみを，選んで目を通すのが普通です．したがって，配布したプレスリリースが，編集者や記者に必ず読まれる仕掛けが必要です．

図表 5.34 に示したプレスリリースの書式で「必ず読んでもらう」ために重要なのは「タイトル」と「リード」です．記者や編集者は，タイトルとリードを読んで，興味がなければ本文まで目を通さない可能性があるからです．したがって，まず「タイトル」に内容が記事として記者や編集者の興味を引くようなキーワードを盛り込む必要があります．

図表 5.35 に，吾助じゃがいもをプレスリリースする際のタイトル例を示しました．①は高級スーパーの白金屋がプレスリリースする場合のタイトル例，②，③，④は谷川村の生産地の組合等がリリースする場合のタイトル例です．

図表 5.35 プレスリリースのタイトル（例）

① 白金屋が，希少価値の高い伝統野菜・吾助じゃがいもの販売を開始
② 幻の吾助じゃがいも本格出荷開始．じゃがいも本来の香りが評価される
③ 谷川村の伝統野菜，香りにこだわった吾助じゃがいもの出荷量が10トンに拡大
④ 香りにこだわった吾助じゃがいもの取り扱いレストランが10店舗に拡大

プレスリリースの目的は最終的に記事に取り上げてもらうことなので，タイトルはインパクトがあり編集者や新聞記者の目を引くものを作成し，配布したプレスリリースに目を通してもらう必要があります．そしてプレスリリースは最後まで目を通してもらえなければ，記事に取り上げられる可能性はほとんどありません．また，プレスリリースでは，その内容にニュース（News）性がある必要があります．「吾助じゃがいもは本当のじゃがいもの味と香りがあります」というだけでは事実を述べているだけなので，ニュースではありません．

したがって，加工食品の場合は「新発売」というニュースをプレスリリースするのが一般的ですし，農産物の場合は「本格出荷開始」「出荷量が○○を超えた」「取り扱い店舗が○○になった」といった，ニュース的な表現をする必要があります．

続いてリード文の作成です．プレスリリースを読む際，記者や編集者はリー

ド文までは目を通すといわれていますので，リード文に記事にしたくなると思われるキーワードを埋め込みます．図表5.36に，図表5.35①に対応したリード文の例を示しました．ここでは「土やカシューナッツのような」というおいしさのインパクトワード，「江戸時代から」「山の斜面で苦労して育てられる」という歴史や共感ワード，「二つ星レストラン・ヴァンソン」など，強い表現がちりばめられています．

図表5.36 プレスリリースの「リード文」（例）

白金屋（代表取締役○○）は，山里県谷川村で江戸時代から育てられてきた吾助じゃがいもの取り扱いを開始しました．土やカシューナッツのようなじゃがいも本来の香りが最大の特徴です．この香りは，急斜面の山あいの畑で苦労して栽培されるからこそ生まれます．本品は二つ星レストランのヴァンソンが看板メニューに採用したことから，グルメの間でブームとなっています．

このようにプレスリリースのリード文は，商品の持っている特徴で，差別化できるポイントを全部盛り込み，記者や編集者の目を引くことが大変重要です．一般消費者向けの場合のように「ここまで書いたらしつこいかも」というような気づかいは不要です．プレスリリース作成の際は，タイトルとリード文の作成に時間の大部分を割くくらいの慎重さで対応しましょう．

（ウ） SNS

Facebook, Instagram, TwitterなどのSNSは，お客様個人に直接アプローチでき，双方向のやり取りも可能なことから，マーケティングツールとしての重要性が注目されています．このツール上では小規模企業や個人も，大企業と対等に戦えることも特徴です．

SNSの対象者は，発信元の企業や商品に対して，既に関心や好意を持っているお客様です．AIDMAモデルでいえば，注意（Attention），興味（Interest）のステップは終了しています．したがってSNSのマーケティング上の目的は，欲求（Desire）や記憶（Memory）を促すことにあります．

SNSは，一定頻度で発信しなければ効果は弱くなります．そしてその内容は単なる商品アピールではなく，発信した情報自体がお客様にとって何らかの価値となる必要があります．また回数を多く発信できるため商品に関する，様々

5.7 プロモーション戦略（How）で見える化するおいしさ

図表 5.37 SNS で発信する食品の価値

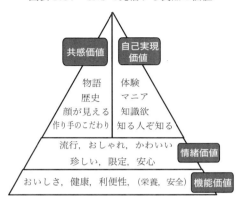

な情報を発信することもできます．前項まで述べてきた通常のマーケティングツールでは，伝えられる内容が限られているため，優先順位をつけ短時間で伝えられる要素に限られます．伝えられる内容の多いホームページも，お客様は，作り手が伝えたいことを一気に全部読むほど時間はありません．

これに対して，例えば月に1回，興味ある内容が短い文章で定期的に送られてくる SNS は，その商品の様々な価値をトータルで伝えていくためには有効なツールです．図表 5.37 に示すように SNS では機能価値だけでなく，商品の歴史や物語，作り手のこだわりといった共感価値や，商品の作り方や原料にまつわるさまざまな知識といった自己実現価値につながる情報も発信することができます．

本書のテーマである，おいしさ価値を SNS で発信する場合は，単に味を伝えるだけではなく，なぜその味になるのかの情報を伝えるのが有効でしょう．吾助じゃがいもの香りであれば，「栽培法と香りの関係」「土壌と香りの関係」「古い品種である，吾助じゃがいもが遺伝子的にどのような品種のじゃがいもと近い系統にあるのか」といった，作り方や品種にかかわる情報を発信したいものです．また，農産物では毎年微妙に味が変わるはずなので，定期的に情報を発信できる SNS の特性を活かして「今年の天候がどのように味に影響を与えたのか」といった情報を過去の経験も含めて発信できれば，じゃがいもであってもワインのヴィンテージ（収穫年）のような価値を付けることも可能かもしれません．

5.8 味のわかるお客様を育てるマーケティング

第4章では，おいしさの言葉の作り方を，本章ではその言葉をマーケティングで使う様々な方法について述べてきました．しかし，ワインやウイスキーなど一部のカテゴリー以外は，そもそも，味の表現が一般的には知られておらず，おいしさを言葉でいくら表現しても実際の購買につながるのか，という課題があります．

おいしさの見える化の目的は，生産者が感じているおいしさの特徴を価値としてお客様に認めてもらうことで，商品の付加価値を上げる，すなわち高く売れるようにする，ということです．したがって，現段階では味の表現が十分確立していない食品カテゴリーでは，個々の事業者や業界が，そのカテゴリー独自の味の表現を，粘り強くお客様に伝えることで，「味のわかるお客様」を育成する必要があります．図表5.38に，味のわかるお客様の育成プロセス全体像を示しました．

図表 5.38 味のわかるお客様の育成プロセス

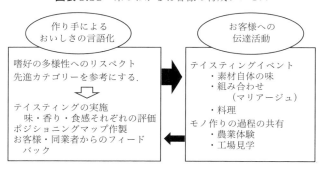

5.8.1 作り手によるおいしさの言語化

（ア） 言語化の準備

まず，作り手自身が，おいしさの言語化を行います．ある商品カテゴリー，例えばじゃがいもについて，様々な品種のじゃがいもの味の特徴を言語化します．その際重要なのは，自分の商品が絶対的においしいというのではなく，他の品種のおいしさも冷静に判断する，すなわち「嗜好の多様性へのリスペクト」

が重要です．吾助じゃがいもは，確かに味や香りが濃いですが，逆に言えばしつこいので，量を食べたいフレンチフライポテトには不向きかもしれません．したがってメイクイーンや男爵といった，他の品種も含めて純粋に味の特徴を評価します．

　言語化の検討をする場合は，言語化の進んでいるカテゴリーであるウイスキー，ワイン，日本酒，コーヒーなどのテイスティングイベントに参加して，他のカテゴリーの言語化の具体的な構造を学ぶと良いでしょう．イベントに参加する際は，事前に参考書籍等で，それぞれのカテゴリーの言語化や，ポジショニングマップなどを知識として理解したうえで参加し，味を体験するとさらに理解が深まります．参考書籍例は，巻末参考文献（p156）の【おいしさの言葉について】を参照してください．

（イ）　言語化の実施

　対象とする自社の素材・商品と，競合商品を一緒にテイスティングします．テイスティングのやり方は第6章で説明します．テイスティングでは，少なくとも5種類，慣れてくれば10種類くらいを同時に行い比較します．比較する際は，記録用紙を準備し，味，香り，食感をそれぞれ分けて記録します．そして，ポジショニングマップの作成までできるとベストです．味に関しては，事前に評価軸を準備しておきます．じゃがいもであれば「甘味」と「旨味」は事前に想定できる味です．

　また，調理が必要な素材は，できるだけ同じ条件で調理するのが望ましいですが，例えば「じゃがいもの大きさが異なり，同じゆで時間だと熱のかかり方が異なってしまう」といった場合は，それぞれのじゃがいもがおいしく仕上がるゆで時間にしても問題ありません．

5.8.2　お客様への伝達活動

　「味のわかるお客様を育てる」ためには，風味の表現を雑誌やホームページなどの文章情報を伝えるだけではなかなか困難です．「スミレの花の香りの赤ワイン」という表現は，実際にスミレの花の香りのするワインを飲みながらでないと実感，理解できないからです．したがって，テイスティングイベントや工場見学・農業体験といった，体験型のマーケティング活動により「おいしさの直接表現の説明を，聞きながら食べる」取り組みが必要です．これにより，

体験したおいしさの感覚がエピソード記憶や手続き記憶として脳へ定着させることができます．体験型マーケティング活動は，手間もかかり，伝えられるお客様の数も多くありません．しかし，文字情報を伝えるだけよりも，お客様にとって圧倒的に深い情報を提供できるため「味のわかるお客様を育てる」という目的に一番かなっています．このイベントで，お客様を心から感動させることができれば，さらに口コミでの情報伝播も期待できます．

（ア）　テイスティングイベント

　一般のお客様を対象にしたテイスティングイベントで，味を比較する素材は，4種類から多くても6種類程度でしょう．自社品，他社品織り交ぜて，できるだけ味の個性の際立ったもの，ポジショニングマップ上で距離の離れたものを選んでテイスティングします．テイスティングイベントでは，講師が，一つひとつの商品の品種，製法（栽培法），歴史などの「おいしさ情報表現」を説明したうえで，お客様にテイスティングしていただき，お客様が食べている最中に，講師は，一緒に自分も食べながら，具体的なおいしさ，すなわち「おいしさの直接表現」を伝えます．「噛んだ時，ふわっと土の香りがしますよね．そして食感はねっとりしています．まるで上質の羊羹のようですね．そして，甘い味が口いっぱいに広がりますね．呑み込んだ後，ナッツのような香りがしませんか？カシューナッツのような乾いた香りですね」といった，話を講師が情感たっぷりに伝えられればベストです．これにより，味は手続き記憶としてイベント参加者に定着して，結果として味のわかるお客様が増えていくのです．

（イ）　農業体験・工場見学

　一般にテイスティングイベントは，会議室やキッチンスタジオなどで行いますが，実際に商品を生産している農場や工場で実施すると，さらに体験価値は高まります．最近，農業体験や工場見学に力を入れている生産者は増えています．その際，体験後必ず試食の時間があるが，どちらかといえば食べて終わり，となるケースが多いようです．せっかく，生産現場の体験をしたわけで，その感動の残っているうちにテイスティングイベントを行い，その場でおいしさの言葉を聞き，覚えていただくのがベストでしょう．製造現場を体験し，おいしさの直接表現を聞き，その味を味わうことで，おいしさのエピソード記憶はさらに強固になります．

第6章　おいしさを感じる力をつけるトレーニング

　ここまで，おいしさについて，舌や脳の生理学・脳科学，味や香りなどの化学・物理学，おいしさ用語の言語面，マーケティングの販売面から多面的に説明してきました．しかし，おいしさを感じるのはあくまで人間の舌と脳です．おいしさの仕事に携わるためには，その人自身が，おいしさを感じる力がなければなりません．でもおいしさを感じるために特殊な能力はいりません．必要なのは経験です．数多く体験すればするほど能力は高まっていきます．ただ多くの人は，何年もかけて経験を積むほど時間に余裕はありません．本章では，おいしさの重要なポイントを感じるための，いくつかのトレーニング法を紹介します．

6.1　味を分離して感じる力をつける

　人は通常の生活の中でものを食べる場合，おいしいとか，おいしくないとかを単純に感じるだけです．甘味とか酸味とかを意識するのは，通常よりも極端に甘いか，逆に甘さが足りないときだけです．しかし，おいしさの仕事に携わる人は，物を食べたときに，少なくとも「甘」「塩」「旨」「酸」「苦」「渋」「辛」の7味を，分離して味わえる能力がなければなりません．

　味を分離して感じる力をつけるための方法として，「岡元麻理恵　ワインテイスティングを楽しく（2000）白水社」で提案されている方法を図表6.1に紹介します．この方法では，ワインにとって最も重要な酸味・甘味・渋味を分離して感じるトレーニングができます．また「こく」のような統合味，ボリューム感といったおいしさ修飾語についても対応しています．

　このトレーニングでは①から順にテイスティングしていきます．②では紅茶に砂糖を加えると甘さが増し，渋味が減るのを実感します．すなわち，甘さと渋味，それぞれの変化を分離して感じるのです．③では酸味と渋味，④では渋味とボリューム感，⑤では甘味とこく，⑥では甘味と酸味，⑦では味の丸み，

第 6 章　おいしさを感じる力をつけるトレーニング

図表 6.1　「味を分離して感じる」トレーニング

	レシピ	テイスティングで感じたい味
①	紅茶 100 cc	渋味を感じる
②	紅茶 100 cc ＋砂糖 3 g	①と比べて渋味が甘さでやわらぐ
③	紅茶 100 cc ＋レモン果汁 15 g	①と比べて酸味が渋味を増幅する
④	紅茶 100 cc ＋牛乳 30 cc	①と比べて渋味が緩和され、味にボリューム感が出てくる
⑤	紅茶 100 cc ＋はちみつ 10 g	②と比較して、こくがあり複雑な味がする
⑥	紅茶 100 cc ＋砂糖 3 g ＋レモン果汁 15 g	②と比較して甘くない
⑦	紅茶 100 cc ＋砂糖 3 g ＋牛乳 30 g	⑥と比較してあじわいがふんわり丸く広がる
⑧	紅茶 100 cc ＋はちみつ 10 g ＋ゴマペースト 4 g	⑦と比べて、こくとボリューム感が強い。余韻も長く太い

＊紅茶は 500 cc の熱湯にティーバック 4 個の濃い目の抽出

⑧ではこくとボリューム感，余韻を感じます．

　このトレーニングをすると，サンプルが変わるごとに，味の感じ方が大きく変化することを実感することができます．その結果，いろいろな食品を漠然と味わうのではなく，7 味を分離して感じる訓練ができます．7 味を分離して感じ，それを言葉にすることで，自分の取り扱っている商品のおいしさを，見える化する第一歩につなげることができます．

6.2　味・香りを時間軸で感じる

　第 2 章で，味や香りが時間差で発生するメカニズムを，第 4 章では，時間軸の順番に発生する味・香り・食感を，その順番で表現するのが，おいしさの表現の基本であるという説明をしました．ここでは，時間ごとに風味が変化する様子を体験するトレーニング法を説明します．

　表 6.2 は，ポテトチップスを例に，味が時間軸でどう変化するかを感じるトレーニング法です．ここでは，生ポテトチップスと成型ポテトチップスの，「じゃがいもの風味」の時間変化を比較します．生ポテトチップスとは，じゃがいもをスライスして，そのままフライしたスナック菓子です．一方，成型ポテトチップスは，じゃがいもを乾燥・粉末にしたものに，再度水を加えてシート状にして，これを型抜きしてフライしたスナック菓子です．そのため，生ポテト

図表 6.2 味・香りの時間軸変化を意識するトレーニング

<テイスティング>
　ポテトチップスを食べて，じゃがいもの香りの変化を比較する
　・特に，食べ始め（トップ），真ん中（ミドル），後味（ラスト）の変化を意識し香りの変化を，香りの変化シートに記入する
　・食べながら，鼻をつまんだり，外したりしながら，つまんだ時と外した時の感じ方の違いを比べる

	サンプル例	テイスティングで感じたい香り
①	生ポテトチップス（うすしお味）	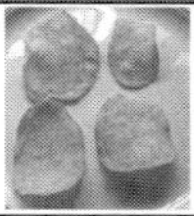 ミドルから香りが一気に強くなり，ラストまで香りの余韻が長く持続する
②	成型ポテトチップ（うすしお味）	 ミドルから香りが出てくるがそれほど強くなく，ラストの香りはすぐになくなる

チップスは，ラストにもじゃがいもの香りが強く残るのに対して，成型ポテトチップスは，ラストのじゃがいもの香りが強くありません．昔から食べなれているポテトチップスという食材を使って，時間軸での風味の変化をシンプルに感じるトレーニングです．

　味や香りを感じるとき，最初に感じる味をトップ，真ん中あたりで感じる味をミドル，最後及び食品を飲み込んだ後も口に残る味をラストと呼びます．図表 6.3 に，この変化をチャートに示した図を示しました．

図表 6.3 ポテトチップスにおけるじゃがいもの香りの変化

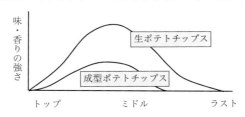

　このトレーニングで特に感じてもらいたいのは，香りの変化です．第 2 章で述べたように，香りで重要なのは鼻から直接入るオルソネーザル経路ではなく，口中から鼻腔を通って後ろから入ってくるレトロネーザル経路です．レトロネーザル経路は，鼻をつまんで食べると，息が口中で流れないためほとんど感じ

ることができません．このポテトチップのトレーニングをしながら，鼻をつまんだり外したりを繰り返してみて，鼻をつまむとじゃがいもの香りが全くしないことを感じることができるので，併せて試してみます．

6.3 いろいろな香りを感じる

インパクトワードとして，もっとも強いおいしさ表現は香りである，と述べてきましたが，これは，裏を返せば，香りの表現が，味，食感に比べると難しく，香り表現の開発自体が十分進んでいないことが理由です．ものを食べるとき，味や食感は分析できても，ワインの様に香りを細かく分析しているケースはほとんどないのではないでしょうか？現在の食生活では，香りは最も未開拓で今後の開発の余地が十分あるおいしさ要素です．したがって，作り手は，自分の商品の香りを感じ，表現する訓練をする必要があります．

図表 6.4 では，最近香りの表現が増えつつあるチョコレートの，いろいろな香りを感じるトレーニングの方法を示しました．ビターチョコレートは配合がシンプルで，かつカカオ分が表示されていることが多いため，カカオ分がほぼ同等のビターチョコレート同士を比較すると，香りの違いを学ぶことができます．

図表 6.4　「香りを感じる」トレーニング

＜テイスティング 1＞
　チョコレート約 5 g を，口の中で溶かし噛み，香りを感じる

＜テイスティング 2＞
　チョコレート 50 g を沸騰した牛乳 150 cc に溶かし，チョコレートドリンクを作る
　チョコレートドリンクの香りを感じる

	チョコレートサンプル例	テイスティングで感じたい香り
①	明治　ザ・チョコレート　コンフォートビター　カカオ 70%	ナッツ香，ナッティ
②	明治　ザ・チョコレート　エレガントビター　カカオ 70%	果実香，フルーティ
③	明治　ザ・チョコレート　ブロッソムビター　カカオ 70%	花香，フローラル

ここでは，明治から発売されているビターチョコレートの香りの違いを例にしています．この 3 種類は苦味や酸味，渋味もやや異なりますが，特に香りの違いに特徴があります．従来チョコレートを食べるときに，あまり注意を払っていなかったナッツ香，果実香，花香の違いを感じてみてください．ビターチ

ョコレートに，果実や花の香りがあることは，多くの方はあまり感じたことがないと思います．しかし，例えばビターチョコレートに「果実の香りを探そう」という強い意識をもって香りを探しにいくと，間違いなく感じることができます．このような訓練を多くの食品で行うことで，いろいろな素材の香りの世界を，広げることができる可能性があります．

　次に，それぞれのチョコレートを，牛乳に溶かして，チョコレートドリンクとしてテイスティングします．チョコレートで食べたときよりも，それぞれの香りを強く感じます．第3章で述べたように，香り物質は水に溶けた後蒸発して，嗅覚受容体に結合することで感じます．板チョコの場合は，一旦チョコが口中で溶けて，唾液と混合してから香り物質が蒸発しますが，チョコレートドリンクの場合，香り物質は口中ですぐに蒸発します．そのため，より香りを早く，強く感じることができるのです．このようなトレーニングをすることで，香りの感覚も少しづつ鍛えられていきます．

6.4　自分の商品の特徴を探す　～比較テイスティングの勧め

　生産者は本来，自分の商品の風味を良く知っています．しかし，多くの場合，

図表 6.5　テイスティング例（青菜類）

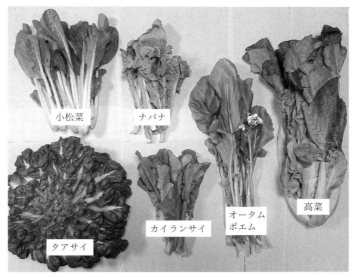

その風味の特徴を十分に見える化できていません．自分の生産品の風味の特徴を見える化するための方法として，同じカテゴリーの他の商品との比較テイスティングが有効です．他の商品と比較しながら，そのカテゴリーの風味の軸はどこにあるのか，その中で自分の生産品の風味の差別化ポイントは何なのかを，明確に整理することができます．

ここでは例として，各種の青菜類（図表6.5）をテイスティングした例を示しました．青菜類は基本的には茹でて，葉と茎を食べる野菜です．ここでは風味の特徴を見るために，生の葉を食べたときのテイスティングの例を示します．実際は，生の茎，茹でたときの葉と茎のテイスティングも実施します．

テイスティングのデータの例を図表6.6に示します．味に関しては，事前にある程度想定できるので，点数化した評価をします．青菜類の場合，甘味と辛味，苦味が特徴です．これらの味は最初から点数をつけながらテイスティングします．実際に食べ進んでいくと，意外に旨味もあったということであれば，あとから「旨味」の点数項目を追加します．一般に香りに関しては，事前の想定は難しいので，図表6.6のようにフリーのコメントを書くようにします．

図表 6.6 青菜類テイスティング結果（例）

	品種	産地	味（1点〜5点）				香りの特徴・味コメント
			甘味	旨味	辛み	苦味	
①	小松菜	神奈川	1	1	3	3	かすかにキャベツ様の青い香り
②	タアサイ	茨城	3	3	2	2	トップにかすかに青りんご様の香りあり
③	高菜	神奈川	3	1	4	2	トップ土臭い香りで，ミドルからむせかえるような青い香りが出てくる
④	オータムポエム	茨城	1	3	2	1	かすかに青リンゴの香り，旨味あり
⑤	ナバナ	京都	2	2	2	1	穏やかな辛味，やさしい味
⑥	カイランサイ	高知	2	3	3	3	キャベツの青い香り，旨味あり

味の評価表が出来上がったら，図表6.7のようなポジショニングマップを作成します．縦軸，横軸は，6種類の特徴を総合的に考え，全体的に特徴が分離できるように設定します．ここでは味を横軸に，香りを縦軸にとりました．味については，「辛味に特徴があるパンチのある味」と，それと対照的な「甘味と旨味が特徴のやさしい味」を横軸の左右に配置しました．

併せて，高菜の香りが特に強く，次いでカイランサイの香りが特徴的だった

ので，縦軸を香りの強さとしました．

図表 6.7 青菜類（生の葉）のポジショニングマップ（例）

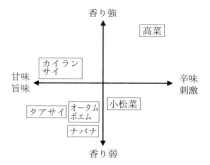

このポジショニングマップによれば，青菜は，香りも辛味もあるパンチの強い味の「高菜」，甘味が強く香りもある「カイランサイ」，甘味は強いが香りはやさしい「タアサイ」「オータムポエム」「ナバナ」，香りは強くないが辛味のある「小松菜」の 4 グループに分けられることがわかります．

実際に商品をプロモーションする際，例えば「高菜」を売り込むのであれば，「青菜独特のパンチのある青い香りと辛味が特徴．甘味もしっかりあってコクのある青菜です．さっと塩でもんで，香り高いエクストラバージンオイルとあえると，個性的なサラダになります」，というような表現が可能になります．

ここでは「青菜類の葉を生で食べる」というやや特殊な例を示しましたが，どのような素材，食品でも，比較テイスティングは可能です．料理雑誌の記者は，料理の特集記事の企画の際には，必ず 10〜20 種類の商品を食べ比べるとも言われています．

本書で述べてきた，おいしさの科学や言葉，マーケティング手法を知識として頭に入れつつ，是非ご自身の扱っている食品，食材を使って比較テイスティングにチャレンジしてみてください．かならず，新しい発見があるはずです．

おわりに

　日本には，素晴らしい料理や食品を創作し続けるシェフや食品メーカー，世界に通用する農産物や食材を作り出す生産者の皆さん，そして食材や料理を数えきれないくらい食べ評価し，紹介する料理研究家さんやフードライターさん，それらの食材を紹介し販売する流通業の皆さん，マスコミにかかわる皆さん，さらに味の科学的特性や味覚の生理を研究する研究者の方など，おいしさをとことん突き詰め，日々研鑽に励んでおられる「おいしさにかかわる仕事に携わっている方」が多数いらっしゃいます．このおいしさのプロフェッショナルの方ご自身が「本当においしいと思っている」料理・食材の素晴らしさを，お客様にどうやって伝えていくか，様々な視点で述べてきました．

　本書の内容は，おいしさの見える化の「枠組み」のご提案です．枠組みを説明するため様々な実例を挙げてきました．この実例に対して，おいしさのプロの皆さんには，「自分はもっといいおいしさの言葉を使える」「自分だったらもっと，もっとお客様の心をつかむプライスカードをつくれる」「このおいしさ単語辞典は物足りない」と，様々なご意見，反論をお持ちになると思います．また，おいしさを見える化するのならもっと良い枠組みがある，というご意見もあると思います．プロの皆様には，是非そのような具体的な突っ込みをしていただき，ご自身のフィールドでより素晴らしい「おいしさの見える化」を作り上げていただきたいと思います．この本が小さな波紋となり，日本中のおいしさにかかわるすべての人たちが，様々な料理や食材について，おいしさの見える化に向かって表現や言葉，アイデアを出し合い，議論が沸騰する，そして，その言葉をどんどん発信してお客様と対話できる，そんな時代が来れば望外の喜びです．

　本書では，おいしさの見える化の目的をビジネス，マーケティングに置いたため，十分に論ずることができなかった点が2つあります．

　一つは食育です．日本で食育が叫ばれるようになって久しく，多くの方が真剣な取り組みをされています．ただその内容は「栄養面，教育面から見た食習慣改善」や「生産活動や食文化に関する体験・知識取得」に偏っているように感じます．一方で，フランスやイタリアの食育は，まず味覚教育とおいしさ表現の訓練を行うそうです．食べることは楽しいこと，その楽しさを本書で説明

した言葉で語り合ってこそ，正しい食習慣の発展につながるのではないでしょうか．おいしさの見える化が日本でも教育，食育の場でも実践される時代が来たら，もっと日本の食文化は深まるのではないかと思います．

　もう一つは，メディアでの食の表現です．テレビで食レポをされるタレントさんの「おいしそうな表情」はいつも感心しながら拝見しています．しかし，タレントさんのコメントが，もう少し具体的においしさを表現するものだったら，おいしさの伝わり方は何倍にもなるのに，といつも感じています．おいしさを伝える際の映像の力は絶大です．メディアにかかわる皆様が，素晴らしい映像の力に，本書で説明してきた言葉の力を加えていただき，おいしさの価値と魅力を日本中の人たちに，広く深く伝えていただければと思います．

　今後食品や農産物は，観光と同様に日本経済の中での重要性が増していくと思われます．その期待に応えるためには，日本の食文化自体の国際競争力を高めていかなければなりません．そのとき重要なのは，言葉による価値の発信です．日本の食品や食文化を自分たちだけでおいしいと自己満足で言っているだけでなく，どのようにおいしいのかを，具体的な言葉で世界に向けて発信しなければなりません．フランスのワインが今でも世界No.1といわれるのは，その豊かな表現力も重要な要因だと思います．日本の食材はすばらしい，そして，それを伝える表現力も世界一になることが，日本食と食文化を世界に広げていく大きな武器になるのではないでしょうか．本書がそのために少しでも力になれば幸いです．

　本書の出版のきっかけを作っていただいた幸書房の夏野社長に深く感謝いたします．また，私が38年間勤務してきた，株式会社明治と明治製菓株式会社の諸先輩，同僚，後輩の皆様，知り合った社外の友人の皆様からは，お菓子や食品の仕事を通じて，本書で述べてきた科学からマーケティングに至る数々の経験と示唆をいただきました．あらためて感謝いたします．そして，日々の食卓を通じて，私自身の食経験に様々な刺激と影響を与え続けてくれている，妻に感謝したいと思います．

　これからも微力ながら，日本の食文化の発展をお手伝いできればと思っております．

令和元年9月　新しい時代の始まりに

角　直樹

参考書籍

【おいしさ全体論】
田崎真也，言葉にして伝える技術―ソムリエの表現力，祥伝社（2010）
君島佐和子，外食 2.0，朝日出版社（2012）
玉村豊男，料理の四面体，中央公論新社（2010）
森枝卓士，味覚の探求―おいしいって何だろう，中央公論新社（1999）
伊藤まさこ，おいしいってなんだろ？，幻冬舎（2017）
ブリア・サバラン，関根秀雄・戸部松実訳，美味礼讃上・下，岩波書店（1967）
小泉武夫，くさいはうまい，文春文庫（2006）

【おいしさの感覚器官と脳について】
伏木亨，味覚と嗜好のサイエンス，丸善（2008）
日本味と匂学会，味の何でも小辞典，講談社（2004）
ボブ・ホルムズ，堤理華訳，風味は不思議　多感覚と「おいしい」の科学，原書房（2018）
斉藤幸子・小早川達，味嗅覚の科学，朝倉書店（2018）
日下部裕子・和田有史，味わいの認知科学，勁草書房（2011）
ゴードン M シェファード　小松淳子訳，美味しさの脳科学，合同出版（2014）
伏木亨，人間は脳で食べている，筑摩書房（2005）
加藤俊徳監修，一番よくわかる！脳のしくみ，メイツ出版（2014）
福永篤志監修，図解雑学　よくわかる脳のしくみ，ナツメ社（2006）
柿木隆介，記憶力の脳科学，大和書房（2015）

【おいしさの要素について】
山本隆，味覚生理学　味覚と食行動のサイエンス，建帛社（2017）
東原和成・佐々木佳津子・伏木亨・鹿取みゆき，においと味わいの不思議，虹有社（2013）
伏木亨，コクと旨味の秘密，新潮社（2005）
長谷川香料株式会社，香料の科学，講談社（2013）
日本咀嚼学会監修，サイコレオロジーと咀嚼，建帛社（1995）

都甲潔，プリンに醤油でウニになる，ソフトバンククリエイティブ（2007）

【おいしさの言葉について】

B・M・FT ことばラボ，ふわとろ 「おいしい」言葉の使い方，B・M・FT 出版部（2016）
川端晶子・渕上匠子編，おいしさの表現辞典 新装版，東京堂出版（2016）
山佳若菜，おいしさを伝えることば塾，同文舘出版（2007）
岡本麻理恵，ワイン・テイスティングを楽しく，白水社（2000）
小泉武夫，小泉武夫の料理道楽食い道楽，日本経済新聞出版社（2008）
池田浩明，パンラボ，白夜書房（2012）
池田浩明・山本ゆりこ，おかしなパン，誠文堂新光社（2017）
青山志穂，日本と世界の塩の図鑑，あさ出版（2016）
土屋守，改訂版 モルトウィスキー大全，小学館（2002）
友田晶子，日本酒の教本，秀和システム（2018）

【おいしさのマーケティング】

岡田光司，小さな会社マスコミデビューの法則，竹林館（2006）
坂本悟史・川村トモエ，売れるネットショップ開業・運営 新100の法則，インプレスジャパン（2010）

【食育】

ジャック・ピュイゼ，三国清三監修，鳥取絹子訳，子どもの味覚を育てる，紀伊國屋書店（2004）
石井克枝，ジャック・ピュイゼ，坂井信之，田尻泉，子どものための味覚教育，講談社，（2016）
プラート味覚教育センター，中野美季，味覚の学校，木楽舎，（2012）

付録　おいしさの単語辞典

（1）おいしさ風味語

味	7味	甘味	甘い	スイート	淡甘	
		塩味	塩味	しょっぱい		
		酸味	酸味	酸っぱい		
		苦味	苦い	苦み	ほろ苦い	
		旨味	旨み	極旨	うま口	
		辛味	辛い	激辛	さわやかな辛さ	ほてるような辛さ
			ピリッと	ピリ辛		
		渋味	渋みのある			
	油の味		脂ののった	脂っこい	クリーミー	
	えぐ味		あく味	あくが抜けた		
	清涼感		清涼感	スーッとする		
	味の組み合わせ		甘辛	甘酸っぱい	旨辛	甘い塩味
香り	果実		フルーティー	果実様	熟した果実	新鮮な果物
			加熱した果実様			
			シトラス系の	レモン	グレープフルーツ	ライム
			オレンジ	オレンジの皮	ビターオレンジ	キンカン
			柑橘	ユズ	カボス	
			リンゴ	青リンゴ	黄リンゴ	洋ナシ
			モモ	白桃	黄桃	アプリコット
			イチジク	プルーン	カシス	カリン
			イチゴ	野イチゴ	ブドウ	マスカット
			あんず	ザクロ	ライチ	メロン
			レッドベリー	ブラックベリー	ラズベリー	ブルーベリー
			レッドチェリー	ブラックチェリー	熟したベリー	黒い果実
			レッドカラント			
			トロピカルフルーツ	パイナップル	パッションフルーツ	マンゴー
			バナナ	グアバ	パパイア	
			ドライフルーツ	乾燥した果実	レーズン	干したナツメ
			コンポート	コンフィ	ジャム	梅干し
	花		花の香り様の	フローラル		
			梅	オレンジの花	スズラン	菊
			沈丁花	くちなし		
			ユリ	バラ	ジャスミン	ラベンダー
			きんもくせい	スミレ	野の花のような	
	野菜		野菜様の	野菜の加熱臭	漬物	
			トマト	グリーントマト	青ピーマン	アスパラガス
			エンドウ豆	キャベツ	ブロッコリー	シソ
			ニンニク	玉ねぎ	ミツバ	パセリ
			きのこ	トリュフ	さつまいも	干したサツマイモ
	ハーブ		ハーブ	レモンバーム	レモングラス	バジル
			カモミール	ユーカリ	ローリエ	
			エストラゴン	ディル	ミント	タイム
			セルフィーユ	バーベナ	薬草の香り	ワサビ
	スパイス		香辛料様の			
			白コショウ	黒コショウ	コリアンダーシード	クミンシード
			クローブ	シナモン	ショウガ	オリエンタルスパイス
			ナツメグ	アニス	甘草	
			白檀	ムスク		
	植物系		青い	青くさい		
			山の	森の	野の	緑の
			青草	杉の葉	木の芽	
			干し草	牧草		
			枯れ葉	わら	腐葉土	
	土系		大地の	土くさい	土地の	泥臭い
			腐葉土	ピート		
			ミネラル	鉄	ヨード	タール
			日光を思わせる	日向のにおい		

付録　おいしさの単語辞典

香り	油系	オリーブオイル	オイル様の		
	肉系	獣特有の	獣くさい	動物的な	
		生肉	肉っぽい	血の味	
		ジャーキー	ベーコン	ブイヨンっぽい	
		焼き鳥	フライドチキン		
	魚系	磯の香り	川の香り	海の香り	
		海産物系の			
		海藻のような	のり	ノリ佃煮	
		だしっぽい	昆布だし	かつおだし	煮干し
		魚を焼いた	うなぎかば焼き	焼きするめ	
	乳製品	バター	ミルク	生クリーム	サワークリーム
		ヨーグルト	チーズ	クリームチーズ	カマンベール
		カスタード			
	穀物	穀物様	穀物の加熱臭	米飯	
		麦芽	麦芽エキス	こめぬか	
		大豆	豆味噌	納豆	とうもろこし
	糖類	甘い香り	綿菓子	バニラ	
		黒砂糖	和三盆		
		蜂蜜	メープルシロップ	カラメル	
	ナッツ	ナッツ	アーモンド	くるみ	ヘーゼルナッツ
		ピスタチオ	ピーナッツ	クリ	ココナッツ
		マジパン	杏仁		
	ロースト	こんがりと	香ばしい	ロースト	焦げた感じ
		ビスケット	焼けたパン	トースト	バタートースト
		麦焦がし	ポップコーン	ブリオッシュ	タルト
		キャラメル	トフィー	クレームブリュレ	ローストアーモンド
	スモーク	スモーク	スモーキー	いぶされた	
		タバコ	葉巻		
	熟成・発酵・調味料	熟れた	熟しきっている	発酵感	
		しょうゆ	味噌	ナンプラー	
		食酢	バルサミコ		
		ひね香	麹	酵母様	
	嗜好品	チョコレート	ダークチョコレート	ココア	
		コーヒー	コーヒー豆	モカ	
		紅茶	緑茶	中国茶	
	食品	カレー	ソース	卵焼き	
	酒類	アルコール	洋酒	ビール	ホップ様
		ワイン	赤ワイン	白ワイン	
		ウイスキー	日本酒	吟醸香	

食感	歯ごたえ（噛んだ時の感覚）	弱い歯ごたえ	やわらか	もろい	ほろほろ	歯がすっと通る
		軽い歯ごたえ	軽い	カリカリ	カリッと	
			サクサク	さくっ	さっくりした	
			バリバリ	パリッと	シャリシャリ	コリコリ
		強い歯ごたえ	歯ごたえのある	歯ごたえがよい		
			バリバリ	バリッ	ザクザク	ガリガリ
			ゴリゴリ			
		弾力	弾力がある	ぷりぷり	コシがある	シコシコ
			ムチムチ	モチモチした	もっちり	
		歯切れ	歯切れがよい	シャキシャキ	シャキッと	プチプチ
		新しさ	新食感			
	口当たり（口腔内の感覚）	粘性	ねっとり			
			ねばねば	ねばりつく	ねちねち	ぬめっとした
			とろりとした	とろとろ	とろーり	とろっ
			さらりとした	さらさらした	さらっとした	
		触覚	口当たりの良い	舌触りの良い	なめらかな	きめ細かい
			ふわふわ	ふわっと	ふんわり	ふわとろ
			ほくほく	ふるふる	くにゅっ	
			しっとり			
		動き	喉ごしがよい	するりと		
			口どけがよい	とろけるような	舌もとろける	
			つるつる	つるっと	つるん	ちゅるちゅる
			じわっと口に広がる	じゅわっ	じわりと	
			しゅわしゅわ			

付録　おいしさの単語辞典

味・香り・食感の総合	こく味	コクのある	コク深い	コク旨	
		こってり	こっくり		
	フレッシュ感	活きがよい	生き生き	生っぽい	新鮮な
		ジューシー	みずみずしい	爽快な	
		フレッシュ	新鮮な	さわやかな	清新

その他の感覚	刺激	刺激的な	後頭部に抜けて行く	ツーンと来る	ツンとした
		スースー	ひんやり	キーン	
		あつあつ	舌がひりひり		

（2）おいしさ修飾語

風味自体	良さの説明	快い	風味豊かな	ほどよい	適度な
		豊かな香り	芳香	香ばしい	
		鼻腔をくすぐる	舌に絡みつく		

強弱	強くて良い	濃厚	重厚な	濃密な	
		豊穣	豊か	ふくよか	ふくらみがある
		味が濃い	香り高い	むせるような	贅沢に
		強烈	鮮烈な	はっきりした	しっかりした
		力強い	ダイナミックな	どっしりとした	清新
	弱くて良い	かすかな	薄味	淡い	淡泊な
		さっぱりした	すっきりした	淡泊	透明度の高い
		あっさり	マイルド	まろやか	さわやか
		やさしい	ソフトな	控えめ	
		軽い	軽やか	はかない	デリケート
		癖がない	嫌味のない	臭みがない	

種類	種類が多くて良い	複雑	凝った味	華麗な	贅沢な
	種類が少なくて良い	シンプルな	素朴な	純粋な	素直な

バランス	バランス自体の良さ	調和した	ハーモニー	バランスのよい	絶妙なバランス
		コンビネーションがよい	交響楽のような		
	軽い風味でバランスが良い	エレガント	洗練された	きれいな味	雑味のない
		丸みのある	角が取れた		
		気品ある	上品な	品の良い	格調高い
		芳醇な	淡麗	滋味あふれる	上質なお出汁のような
		風雅な	風情がある		
		きめ細かい	薄絹の風合い	たおやか	
	重い風味でバランスが良い	ボリューム感	厚みのある味	馥郁（ふくいく）	広がりがあって
		密度の濃い	凝縮した	ぎゅっとつまった	
		深い	深みがある	奥深い	味に奥行きがある

相互関係	相互関係の良さ	相性よい	ぴったり	取り合わせがよい	
		味がなじんでいる	味がのって	絡み合う	
	対比の良さ	コントラストがある	味が生きている	エッジのきいた	一味違う
		きりっとした	きりりと引き締まった	冴えた味	シャープな
		アクセント	あざやかな	香りが立っている	
	動詞で相互関係を説明	引きしめる	引き立てる	高める	
		包み込む	包み隠す	引き出す	散らばる
		なじむ	混ざる	溶け込む	混然一体となる
		秘める	潜む	息づく	羽ばたく
		兼ね備える	伴う	備わる	帯びる

時間軸の変化	前後の流れ表現	パンチがある	ガツンと来る		
		じんわり	こみあげる		
		後を引く	あと味がよい	キレのある	
	対比の表現	立ち上がる	現れる	開く	
		はじける	散らばる	弾む	広がる

記憶との関連	具体的な風味	初夏のにおい	夏の香り	春の香り	冬の香り
		秋のにおい	ふるさとの香り	日本の味	
		田舎の味	田舎風	家庭の味	
	抽象的な風味	華やかな香り	さわやかな	すがすがしい	
		自然な	野趣あふれた	野性味	若い
		可憐な	官能的な		
	思い出	なつかしい	心にしみる味	郷愁のある	昔風の
		ほっとする味	ほっこりと	しみじみうまい	慣れ親しんだ
	新奇性	独特の香り	特有の	珍味	癖がある
		意表をつく	意外な味	おもしろい	思いがけない
		新しい	初めてのおいしさ	一風変わった味	奇妙な
		捨てがたい			
	食習慣	やみつき	クセになる	飽きがこない	
		食べ応えのある			
	特定の食品知識	辛口	甘口	ドライ	
		熟成	若い		

（3）おいしさ賞賛語

単純な良さ	おいしい	うまい	味がいい	美味
	味は…格別	なかなかよい	いい味をしている	
	こたえられない	なんともいえない	言いようのない	あごが落ちる
相対的な良さ	最高	とびきりの	すばらしい	優れた
	絶品	逸品	プレミアム	リッチな
快感	たまらない	感動的	快感	
	心地よい	快い	恍惚となる	陶然とさせる

（4）おいしさ情報語

素材	鮮度の良い	新鮮		
	厳選素材	こだわり素材	素材の味が生きた	素材そのものの
	産地限定	産地直送	本場の	○○農園産
	旬	季節限定		
	朝採り	完熟の	天然の	自然の
	無添加	無農薬	体にやさしい	ヘルシー
製法	味がしみる	しっかり味を含ませ	手作り	自家製
	秘伝の	こだわりの	本格的な	まじめな
	ていねいな	誠実な		
状態	たべごろ	採れたて		
	出来立て	焼き立て	揚げ立て	炊き立て
	あつあつ	ほかほか	ひんやり	キンキン
	血の滴る	身が締まって		
	からっと	カラリとした	じゅわー	シュワシュワ
	しんなりとした	ふっくら	具だくさん	

※本単語辞典は，主に以下の 4 冊の参考書籍から「おいしさの単語」を抽出しました．おいしさに関するすべての単語を網羅しているわけではありません．

B・M・FT ことばラボ，ふわとろ 「おいしい」言葉の使い方，B・M・FT 出版部（2016）

川端晶子・渕上匠子編，おいしさの表現辞典 新装版，東京堂出版（2016）

岡本麻理恵，ワイン・テイスティングを楽しく，白水社（2000）

土屋守，改訂版 モルトウィスキー大全，小学館（2002）

著　者　紹　介

角　　直　樹（すみ　なおき）

食品商品開発コンサルタント／ハッピーフードデザイン㈱代表取締役
https://www.happyfooddesign.com

千葉大学園芸学部農芸化学科卒業
1982年明治製菓㈱（現：㈱明治）入社
　　　食料開発研究所，菓子商品企画部，ベルギーブラッセル事務所，スイーツ事業推進部，業務商品開発部等で一貫して商品開発とマーケティング業務に従事，量販向けの流通菓子，専門店向けのギフト等菓子，業務用の菓子原料など，お菓子に関するさまざまな事業に携わる
2015年中小企業診断士登録，経営学修士（MBA）取得　（城西国際大学）
野菜ソムリエ　食の6次産業化プロデューサー（Lv3）

著　書：一般衛生管理による　食品安全マネジメント　（共著），幸書房 2017

おいしさの見える化―風味を伝えるマーケティング力

2019 年 10 月 25 日　初版第 1 刷　発行
2022 年 1 月 25 日　初版第 2 刷　発行

著 者　角　　直樹
発行者　田中直樹
発行所　株式会社　幸書房
〒 101-0051　東京都千代田区神田神保町 2-7
TEL 03-3512-0165　FAX 03-3512-0166
URL　http://www.saiwaishobo.co.jp

装幀：近藤朋幸
組版：デジプロ
印刷：シナノ

Printed in Japan.　Copyright　Naoki Sumi. 2019
無断転載を禁ずる．

JCOPY 〈出版者著作権管理機構 委託出版物〉
本書の無断複写は著作権法上での例外を除き禁じられています．複写される場合は，そのつど事前に，出版者著作権管理機構（電話 03-5244-5088, FAX 03-5244-5089, e-mail：info@jcopy.or.jp）の許諾を得てください．

ISBN978-4-7821-0442-2　C3058